HANDPAINTED PERFORMANCE OF AERIAL PERSPECTIVE

鸟瞰图手绘表现

赵 航 吉小怡 ◎ 著

规划 | 建筑 | 景观

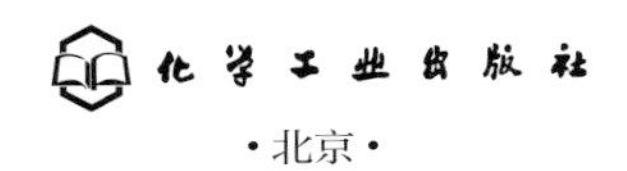

化学工业出版社

·北京·

图书在版编目（CIP）数据

鸟瞰图手绘表现：规划、建筑、景观 / 赵航，吉小怡著．—北京：化学工业出版社，2022.6
ISBN 978-7-122-41153-2

Ⅰ．①鸟…　Ⅱ．①赵…　②吉…　Ⅲ．①建筑画—绘画技法　Ⅳ．①TU204.11

中国版本图书馆 CIP 数据核字（2022）第 057110 号

责任编辑：林　俐　金佳琦　刘晓婷
责任校对：田睿涵　　　　装帧设计：卡古鸟设计

出版发行：化学工业出版社（北京市东城区青年湖南街 13 号　邮政编码 100011）
印　　装：北京宝隆世纪印刷有限公司
889mm×1194mm　1/16　印张 9¾　字数 250 千字　2022 年 6 月北京第 1 版第 1 次印刷

购书咨询：010-64518888　　　　售后服务：010-64518899
网　　址：http://www.cip.com.cn
凡购买本书，如有缺损质量问题，本社销售中心负责调换。

定　　价：98.00 元

前言

PREFACE

第一次画手绘鸟瞰效果图是在1998年，当时没有尝试过类似的手绘形式，现在已经想不起来为什么会接受这个项目，也许是冲动和激情吧，要尝试一下手绘大型鸟瞰图的感觉。客户只给了12小时，并且提供的方案几乎是不成型的，都要靠自己设计发挥，纯靠手绘起稿，沿用室内手绘的表现方式，但最后画完后图面效果让我自己都感到惊讶，当然，更多的兴奋来自于第一次画大型鸟瞰图的成就感，特别是在如此短的时间里完成的。

2002年，我第二次画鸟瞰图，也是没有具体的设计内容，边设计边画，但心中充满了蓄积已久的激情，带着“雄心壮志”，花了三天勾画线稿，画得很细致。着色时，也一直保持平稳的状态，得到的图面效果和谐、逼真。我将这次的创作称为“第一经典”，是它为我后来的鸟瞰图表现打下了坚实的基础。

2005年起，易道公司的手绘表现任务中出现了鸟瞰图，由此开始了我对大型鸟瞰图技法的真正审视和研究。在之后的很多项目中，我很快开发出了新的表现形式，并且逐渐调整和完善。在这个“新阶段”中，我越来越熟练地应付各种场景，带着自如和放松的心态，创建了一套全新的鸟瞰图表现观念和技法，这套观念和技法至今是我鸟瞰图创作的重要基础。

直到现在，鸟瞰图对我来说，已经是一种特殊的乐趣。鸟瞰图的意义在于预演一个规划方案，那种“笼统”的感觉本身就是一种目的，也是一种美。

鸟瞰图手绘表现的过程很像模拟建造游戏，从空中俯瞰地面，为不同的空间设计丰富的场景内容：在码头附近停靠游艇，并安排几艘扬帆出海，船尾泛起浪花……在高尔夫球场设计球道，添加点儿沙坑和小树林，在广场上种植观花树木，为商业街上的人群设定角色与情节，非常有意思。

鸟瞰图手绘是从独特的视角解读规划设计，延展设计思路，展现未来的空间，非常新鲜刺激，具有挑战性。手绘表现工作是我进入规划设计、建筑设计和景观设计的一个契机，并且让我能从独特的角度认识和理解设计。对我而言，鸟瞰图表现工作所带来的压力和满足感是对等的，常常会遇到各种难题，而时间也总是那么紧迫，每次完成一张作品后都唏嘘不已，非常庆幸自己能够坚持始终，没有轻言放弃。

翻阅百余张鸟瞰图作品，每一张的背后都有着难以忘怀的记忆和感受，每一张都让我对教和学有了新的领悟。手绘表现能力的培养是可望且可及的，依靠兴趣和坚持，在实践中不断积累，能够带来极大的满足感和持续的快乐，而精美的手绘作品就是这个过程的成果。

目录

CONTENTS

第1章　鸟瞰图手绘表现概述

1. 鸟瞰图手绘表现类型与特征　002
   （1）鸟瞰草图　002
   （2）鸟瞰快速表现　004
   （3）鸟瞰效果图　006
2. 手绘鸟瞰图的价值　014

第2章　手绘鸟瞰图的画面构成

1. 场景分析　018
   （1）场景特征　018
   （2）场景要素　020
2. 取景　026
   （1）角度与范围　026
   （2）视线高度　031
   （3）景深　034
3. 构图　038
   （1）满铺构图　038
   （2）天际线构图　040
   （3）一字构图　041
   （4）对角构图　044
   （5）中心构图　045
   （6）主线构图　046
   （7）构图小稿　048
4. 透视　050
   （1）透视种类　050
   （2）透视网格简化画法　054
   （3）徒手绘制透视网格　056
   （4）透视的消隐　057

第3章　手绘鸟瞰图线稿

1. 线稿类型与工具　060
   （1）铅笔线稿　062
   （2）绘图笔线稿　064
   （3）线稿用纸　066
   （4）电脑手绘工具　067
2. 线稿绘制步骤与要领　068
   （1）传统线稿绘制方法　068
   （2）线稿快速绘制方法　072
   （3）线稿绘制实用技法　075

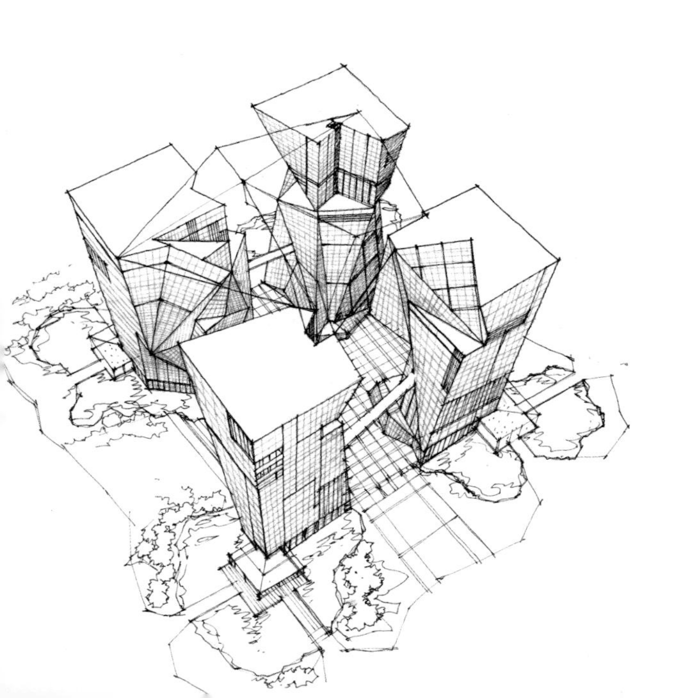

第4章 手绘鸟瞰图着色

1. 着色类型与工具 080
（1）彩色铅笔 080
（2）马克笔 082
（3）透明水色 086
（4）水彩 088
2. 着色步骤与要领 092
（1）实例一 092
（2）实例二 098
3. 色调把控 103
4. 光源角度调控 104

第5章 画面元素分类表现技法

1. 建筑 108
（1）地标建筑 110
（2）商业与办公建筑 112
（3）住宅建筑 116
（4）别墅 120
（5）其他建筑类型 122
2. 种植 124
（1）行道树 126
（2）景观树 128
（3）配景树 130
（4）草地 132
3. 水岸 134
4. 山体 136
5. 农田 138
6. 其他配景 140
（1）桥梁 140
（2）船只 140
（3）车 142
（4）人 142

第6章 后期处理技巧

1. 扫描与拼合图像 146
（1）设置分辨率 146
（2）扫描技巧 146
（3）拼合图像 146
2. 图像调整 146
（1）色彩调整 146
（2）清理与修复 146
3. 保存 147
4. 打印 147

后记 148

图1-1　CBD规划设计大型鸟瞰图

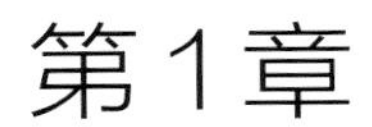

第1章

鸟瞰图手绘表现概述

图1-2　CBD规划设计大型鸟瞰图草稿

在整体设计方案成果呈现中，鸟瞰图的视觉广度所带来的完整体验感使其具有不可替代的作用，鸟瞰图的绘制是规划设计、建筑设计和景观设计中不可忽视的环节。鸟瞰图是从“宏观”的角度出发，以视觉描绘的方式表现方案设计的总体理念，传达设计意图中所包含的政治、经济、历史、文化、民俗、地理、气候等众多因素，所表现的内容通常是交通系统、区域布局、建筑和景观等城市元素，以及山脉、江河等自然环境元素，实现完整的环境氛围营造（图1-1、图1-2）。

1. 鸟瞰图手绘表现类型与特征

手绘是方案设计构思的体现与记录，是特殊的设计专业语汇，从方案初期就体现出重要的作用。不仅用于构思表达，也作为沟通交流的重要手段，体现着设计师的职业素养、个性和才华，同时也作为最终设计成果表现的输出形式之一。因为绘制难度和恢宏完整的表现效果，手绘鸟瞰图往往被认为是一种用于成果输出的优秀却“奢侈”的表现形式，而实际上它是贯穿从初步构思到最终成果输出整个过程的方案进化记录，而并不仅仅是“最终成果”。鸟瞰图的价值更多地体现于方案设计的初期和过程之中，和其他手绘形式一样，它同样具有快速、灵活、富于表现力的优势，能够随时发现方案的问题并对其进行调整；鸟瞰图也是对阶段性成果最直接的设计传达，减少了电脑操作烦琐带来的时间和效率压力；而从单纯的成果表现而言，鸟瞰图彰显的是设计团队的实力。

在设计工作中，为满足不同阶段和环节的需要，手绘鸟瞰图主要以3种形式出现：鸟瞰草图、鸟瞰快速表现，以及鸟瞰效果图。

（1）鸟瞰草图

草图不仅是一种表现方式，也往往是设计阶段的代名词，常常将方案初步构思阶段称为“草图阶段”。设计师通过草图形式的平面图、立面图、剖面图和透视图勾画斟酌空间布局、体块关系以及诸多细节，快速而直接地记录和表述设计理念。草图呈现的是基本形态和场景氛围的概括性效果（图1-3、图1-4）。

鸟瞰草图大多使用绘图笔，并不强调线条的硬度，也不具有很多表达视觉效果的技法特征，而是多采用较慢、较平稳的运线方式，线条比较单纯、随意和洒脱，不做细节刻画。概括光影效果时可以采用描线、排线等笔法，也可以用笔头较粗的绘图笔或马克笔。鸟瞰草图的绘制工具、纸张和表现形式多样，没有定式，既可以是黑白线描，也可以用马克笔、彩铅或者水彩做简单的着色。

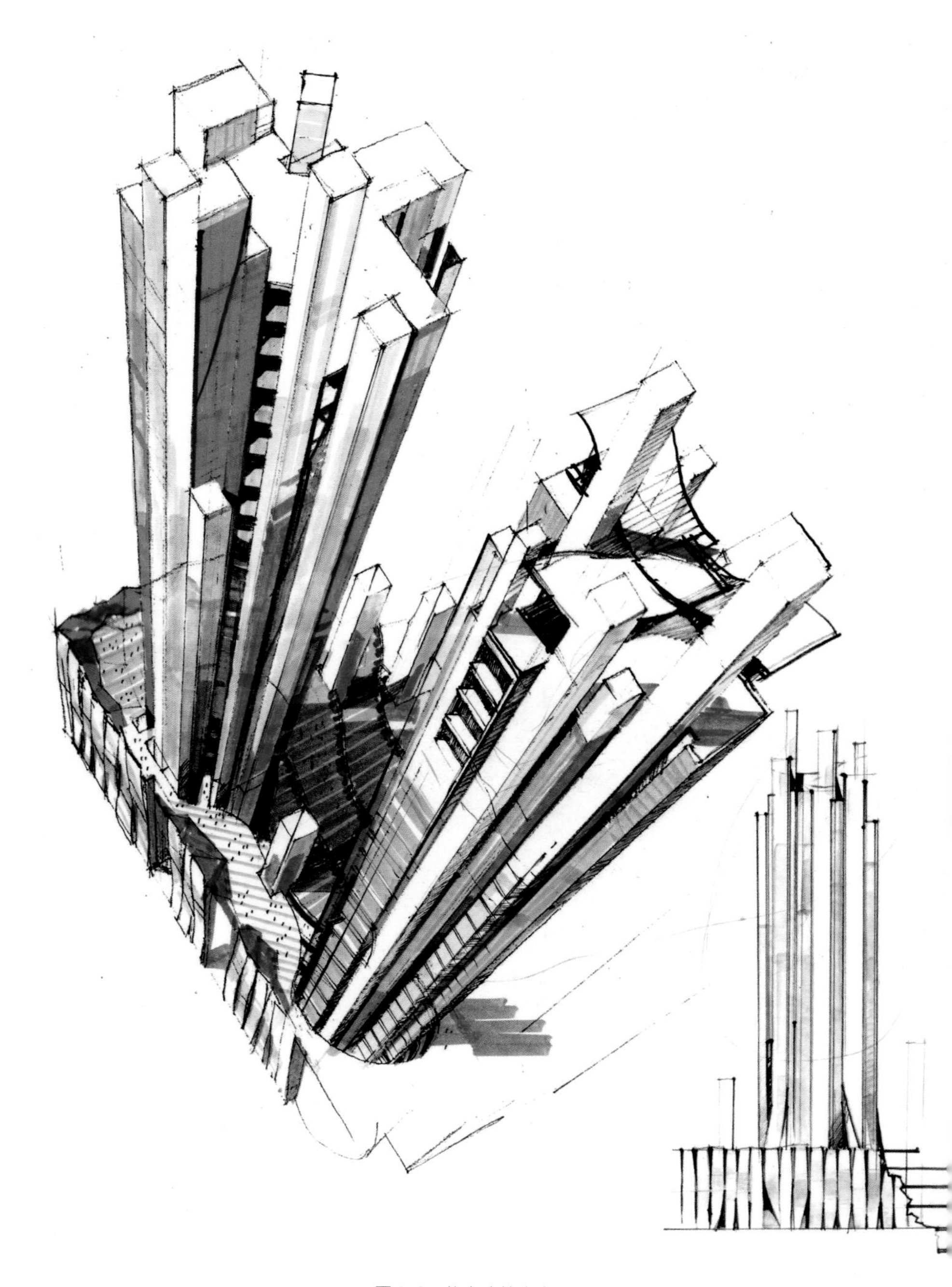

图1-3　住宅建筑方案设计草图

图1-4　会所建筑方案设计草图

（2）鸟瞰快速表现

快速表现是比草图更进一步的手绘表现形式，侧重对方案深化设计与调整的阶段性成果表达，也可以说是最终效果图表达的前身。快速表现作为一种独立的手绘表现形式，较草图表现而言，同样强调简洁、概括、洒脱的效果，不追求细致入微和工整严谨的画风，但更明确、更清晰、更细致，也更完整，比较讲究用笔的速度和力度，其“快速”是较最终效果图而言，实际表现速度并没有草图快。

快速表现的形式也很多，以铅笔和绘图笔线描形式为主（图1-5~图1-7）。鸟瞰快速表现常用来表现小型规划、局部规划和建筑组团，绘图笔的快线风格强调运线的硬度和交叉效果，放松而不杂乱，连贯而不僵硬，对形体的勾画更加明确，能够清晰地表达形态及空间关系。

鸟瞰快速表现的一个显著特征是在绘制过程中非常注意建筑形体、门窗等的分割线、装饰线，以及地面铺装等线条，通过强调这些有序、密集的线条以提升画面的视觉饱满度和生动感。此外，也可以用排线笔法添加少量光影表达，呈现一定的素描绘画效果，以增强形体感和画面感。

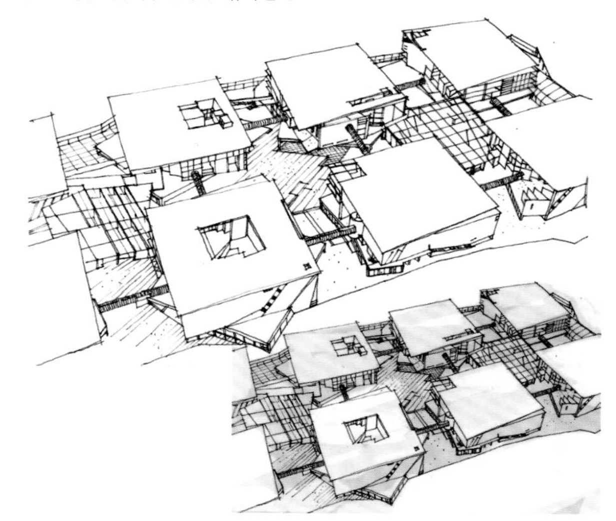

图1-5　建筑概念方案表现

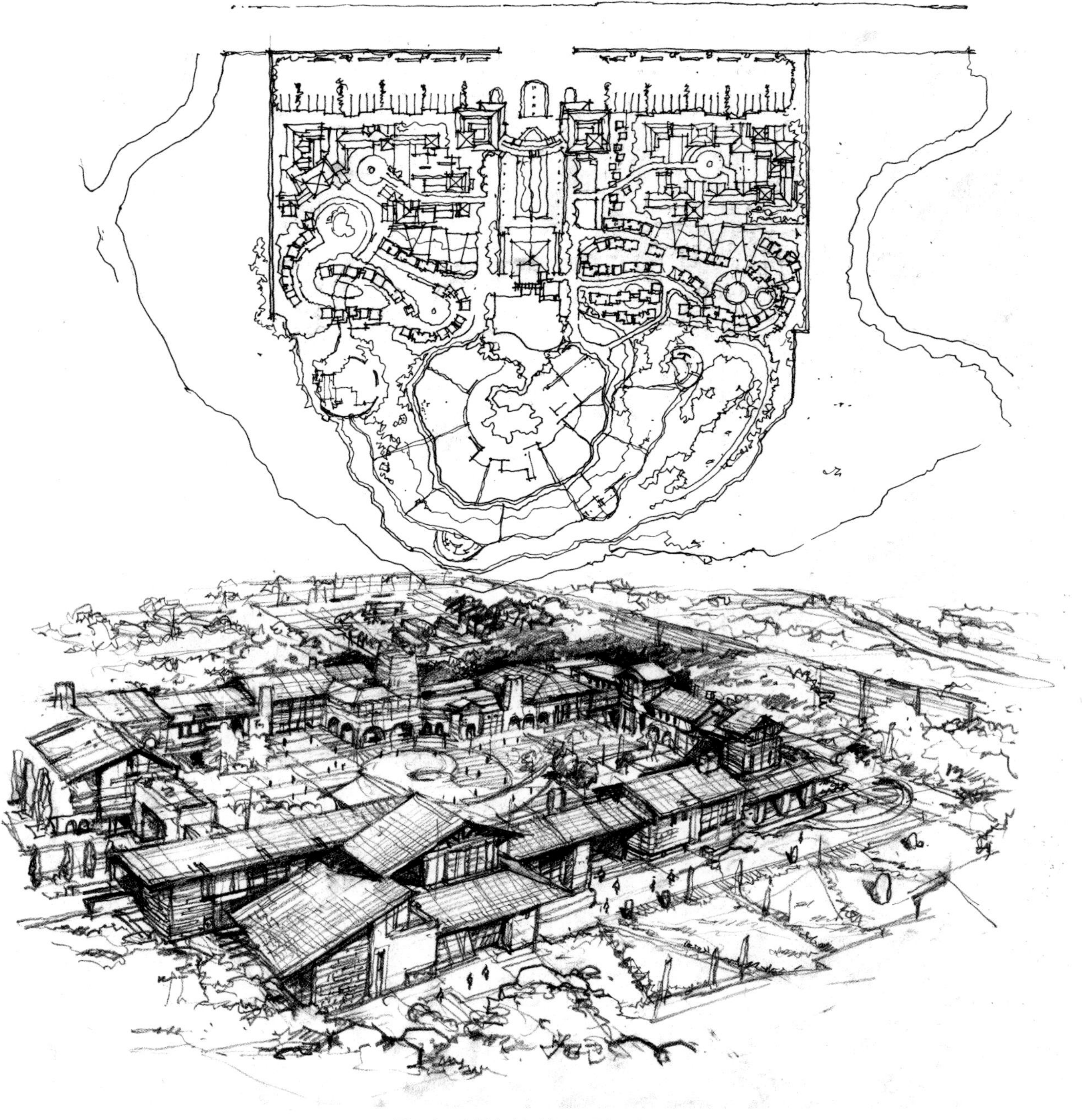

图1-6　会所方案设计平面图与透视图

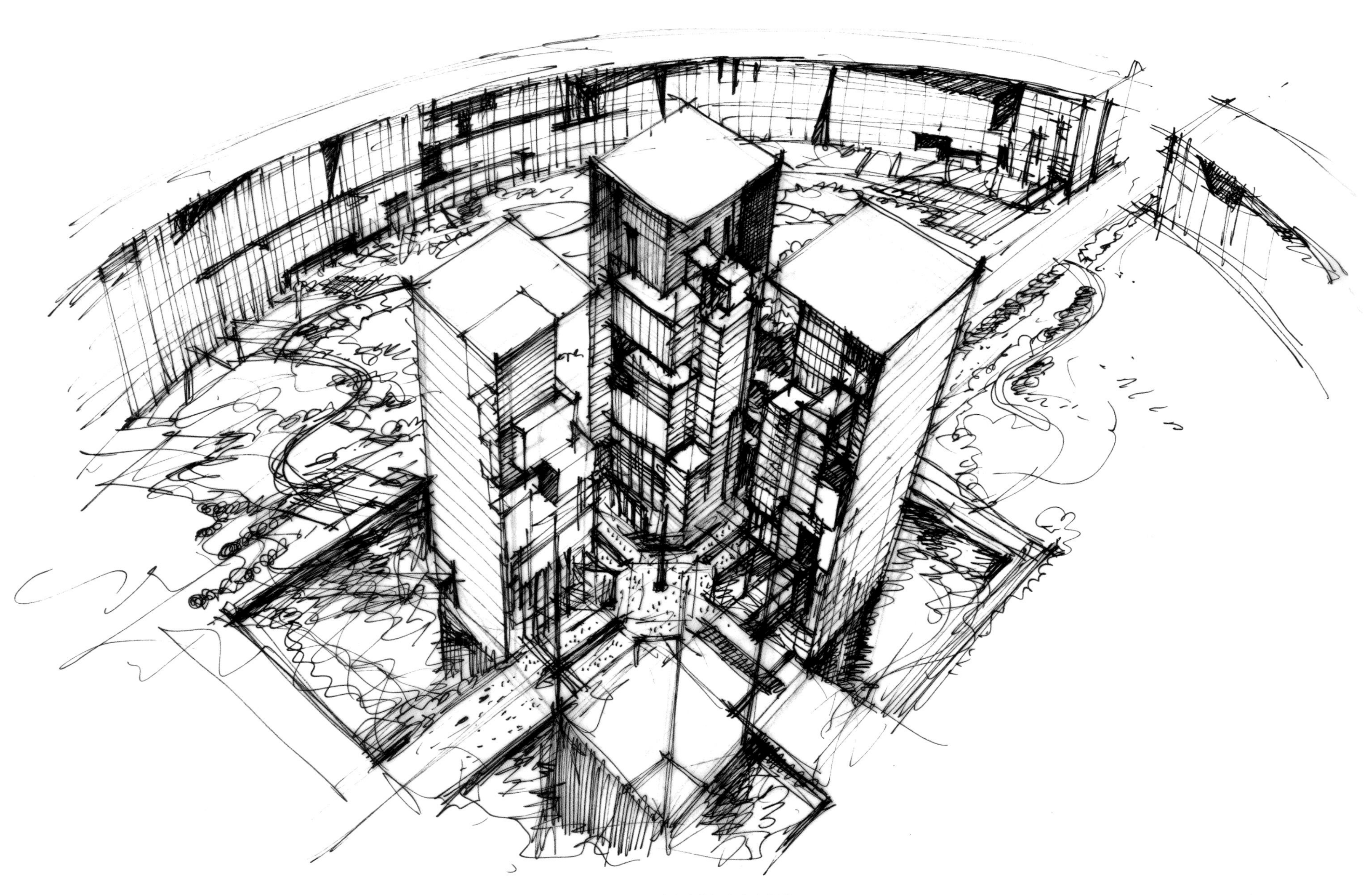

图1-7　会展中心建筑概念方案表现

（3）鸟瞰效果图

鸟瞰效果图是方案设计最终成果的重要表现形式，多用于规划设计、景观设计，其表达内容全面且丰富，既有完整的画面效果，也兼备局部细节刻画，从线稿到着色都较为细致，讲究方法和流程。鸟瞰效果图常简称为鸟瞰图，按场景尺度划分为超大型、大型、中型和小型四种，各自有相对独立的画面效果和技法特征。

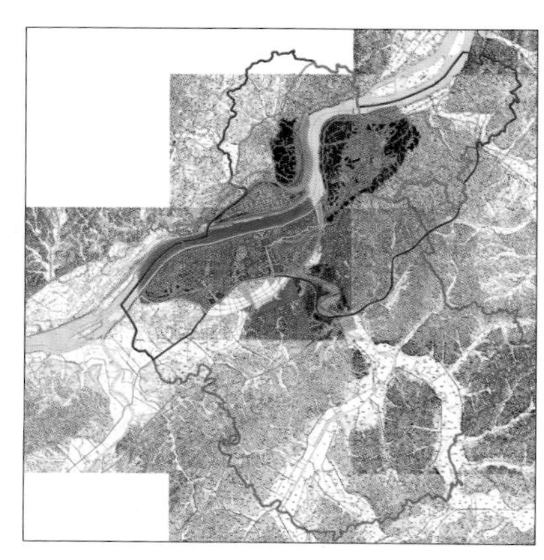

图1-8　总平面图

超大型鸟瞰图

这种规模的手绘鸟瞰图比较罕见（图1-8~图1-10），采用最高的俯视视角，其画面效果非常壮观，气势磅礴，令人叹为观止。主要应用于大型区域性规划方案设计，以城市、半岛等行政区域为表现主体，并配合周边广袤的地理环境进行整体描绘，如山地、岛屿、河湖、森林与农田等。超大型鸟瞰图多为A0、A1幅面，表现难度主要在于控制画面的整体效果，保持自然环境与城市的和谐关系，特别是尺度关系、色彩关系，较其他类型的鸟瞰图需要更长的绘制周期。

超大型鸟瞰图画面中的建筑比例非常小，只有体块和组团，甚至呈现为密集的点状效果或非常模糊的色块，画面整体氛围突出城市与自然大环境的关系。

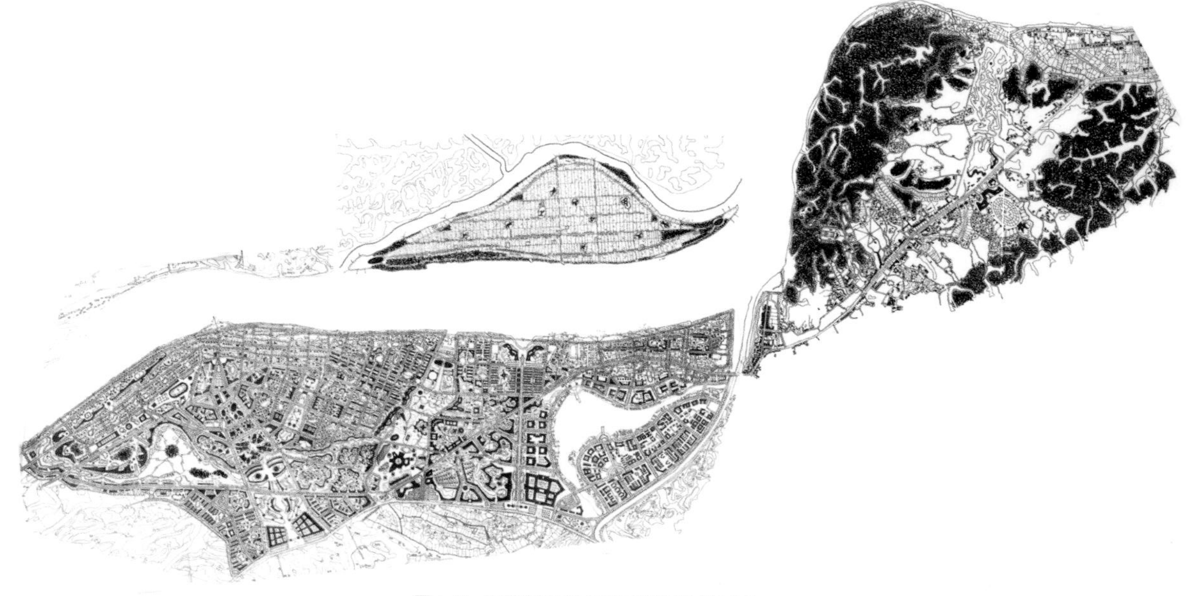

图1-9　国家级风景名胜区规划设计图纸

图1-10 国家级风景名胜区规划设计超大型鸟瞰图

大型鸟瞰图

这是常见的手绘鸟瞰图类型（图1-11、图1-12），多应用于城市规划方案表现，通常是以某个特定的区域为表现核心，如社区、港口、公园、广场等。绘制幅面多为A1或A2，一般采用能够清晰表达城市分区、交通网络、景观节点和周边自然环境特征的适合性俯视高度，画面饱满、生动且具有壮观的气势，体现地区和城市气质。

大型鸟瞰图突出由近至远的空间变化，在近景和主要区域着重刻画标志性建筑体，对画面其他内容则通过色彩来控制整体秩序和统一性，不做细节刻画，有时根据不同的设计需要，会对分布于画面的多个设计节点做重点表现，但并不会造成画面的零散和脱节，这也是其包容性所在。同时，大型鸟瞰图也非常适合表现桥梁、湿地等特色环境与元素，并使之成为画面的亮点，这也是大型鸟瞰图较其他尺度类型相比所具有的优势。

图1-11　新城规划及城市设计大型鸟瞰图

图1-12　湖滨生态城重点地段城市设计大型鸟瞰图

中型鸟瞰图

中型鸟瞰图（图1-13、图1-14）的应用更为普遍，通常以城市特定区域、建筑组团、街区和景观为表现主题，具有比较开阔的视野，同时还有比大型鸟瞰效果图更细致的近景细节表现，因此画面效果比较精致，观赏性强。中型鸟瞰图一般采用A2画幅，因为需要相对细致的描绘，如对建筑立面、街道、广场、景观，以及更多的人物、车辆、灯杆、广告牌等配景内容的描绘，所以俯视高度会适当降低，多数画面没有天际线，由于景深的局限不利于空间进深的自然过渡，画面透视感不强，因此一定程度上增加了画面效果控制的难度。

图1-13　滨水区规划设计

图 1-14　旅游区规划设计中型鸟瞰图

小型鸟瞰图

这是手绘鸟瞰图（图1-15~图1-17）中表现内容最集中，尺度最小巧的类型，幅面多为A3，主要用于建筑组团和景观的表现，通常以某个特定区域或建筑作为表现主体。小型鸟瞰图的视野范围小，俯视高度比较低，因此画面内容通常比较饱满，对于建筑立面、景观和人物、车辆等配景的刻画就更加丰富、精致，由于小型鸟瞰图难以呈现类似大场景的恢宏气势，而相比一般人视点效果图而言又缺乏符合视觉惯性的“即视感”，因此塑造真实、生动的场景效果是其难度所在，画面的效果往往取决于方案本身的特色和魅力。但在实际设计中，因为表现成本比较低，所以小型鸟瞰图的应用比较常见。

虽然鸟瞰图按不同环境尺度划分为不同类型，但并没有可套用的绝对模式，重要的在于根据不同的方案设计需要和想要表达的意图进行取景和画面结构布局。实际上，往往所要描绘的环境场景越大越容易产生震撼的画面效果，毕竟鸟瞰图的优势不是细节表现，所以，根据方案自身特点和需要选择适合的场景尺度表现是最重要的，也是设计师经验和审美能力的体现。

图1-15　社区入口设计小型鸟瞰图

图1-16　广场景观设计小型鸟瞰图局部

图1-17　社区中心景观设计小型鸟瞰图

2. 手绘鸟瞰图的价值

可以收藏的画作

在表现形式上，手绘鸟瞰图是用比较写实的绘画形式传达和诠释设计方案的综合形象成果。优秀的手绘鸟瞰图表现首先是一幅“杰出的”绘画作品，包含色彩与明暗关系、风格手法、细节刻画等多方面；同时，作为设计表达，更重要的是体现空间尺度，明确设计主题，传达设计理念，并给人留下深刻的印象。综上所述，一幅优秀、完整的手绘鸟瞰图既是设计作品，也是一幅优秀的画作，本身就具有收藏价值。

创意和技术融合的时代产物

用传统的手绘形式绘制鸟瞰图费时费力，完成一幅作品甚至需要几周时间，因此最常见的鸟瞰图表现形式是电脑渲染，完全手绘的鸟瞰图则比较少见。虽然电脑渲染的速度更快，表现更自如，视觉效果也日趋逼真，但是手绘表现始终无法被完全替代。随着科技的迅猛发展，计算机的不断更新升级促进了各行业的发展，在大家努力追求用最新的技术手段实现对三维场景的表现的同时，设计行业也在不断提升电脑的应用效率，使用三维软件建模，并配合扫描、打印，起到提升手绘表现效率的作用，原本需要勾描多次底稿的流程被有效地精简，使整体绘制过程更加便捷、简单，有效地节约了时间。科技提升了手绘鸟瞰图表现的社会认知度和行业认可度，并形成了一股新的表现潮流。可以说，科技发展为创意的实现不断地提供推进动力，带有传统手工表现艺术韵味的鸟瞰图现在也成为创意和技术相融合的时代产物。

设计师的“出众”技能

手绘是设计师的必备技能，是重要的沟通交流手段，而手绘鸟瞰图的表现则无疑是设计师更为“出众”的技能体现。鸟瞰图是绘制者对方案设计从整体到细节，从场地认知到理念创意，高度汇总与浓缩的充分体现。绘制高难度的鸟瞰图，除了效果展现之外的更高价值，是在客户头脑中提前植入项目未来真实而美好的形象，起到“先入为主”的作用。在现实中，手绘鸟瞰图表现确实是少数设计师所拥有的能力，除必须具备的专业知识和经验之外，还需要不断培养自身的艺术修养，提高手绘综合技法能力。但是，可以明确的是，对于多数设计师来说，手绘鸟瞰图是可以通过方法步骤和要领的学习逐渐掌握的，这也是本书的使命和价值所在。下面的章节我们就将拉开手绘鸟瞰图学习的帷幕，为大家逐项展开、解析由原创探索和深厚实践积累所凝聚、提炼的手绘鸟瞰图绘制方法和要领（图1-18）。

图1-18　新机场规划方案设计超大型鸟瞰图

图2-1　森林博览城规划设计超大型鸟瞰图

第2章

手绘鸟瞰图的画面构成

在很多学习者看来手绘画作的基础与核心是透视，他们认为手绘作品的画面结构是通过透视构建起来的，手绘鸟瞰图更是如此。实际不然，透视是为手绘的整体构思服务的，整体构思是确立透视的依据。特别是鸟瞰图，在表现之前，势必要先斟酌画面的场景特征，进而制定取景与构图，即对所要表现的场景范围、视角、景深、画面疏密节奏等效果做相应的计划、构想，并为此勾画小型草稿，在基本确定后，再用透视求算为这个计划进行尺度准确的搭建。简而言之，在开始搭建透视之前，一幅比较清晰的画面就已经出现在头脑中，或者实现在草稿上，这些并非是通过套用透视模式来实现的，这是首先需要明确的概念。

1. 场景分析

（1）场景特征

手绘鸟瞰图的取景与构图并不是单纯的感性或美学表达，而是包含众多考量因素，对客观条件的分析占据了其中更多的成分。在不同类型的鸟瞰图中，环境场景并不都是建筑密布的城市，自然地域环境也是十分多见的，如山地、滨水等，对场景环境的描绘往往是画面效果的关键（图2-1）。通过推敲不同成分的比例关系，可以采取相应的策略，以下三种类型较为普遍。

以都市社区为主题的画面，自然景观较少，除一些需重点表达的建筑之外，应将交通路网、分区形态以及建筑密度与节奏的表现作为画面构成的主要成分，以塑造都市环境的结构特征（图2-2）。

以城市规划为主题的画面，最为常见，多以建筑群作为画面的核心内容，同时包含周围的自然环境元素，如远山、水和丛林，这些也是画面的主要成分，体现画面的重要特征，其画面占比为20%~30%（图2-3）。

以生态环境为主题的画面，构思时应首先考虑山、水、森林在画面中的空间占比，可以适当扩大，甚至超过50%，以突出地貌环境特征，增强画面视觉效果（图2-4）。

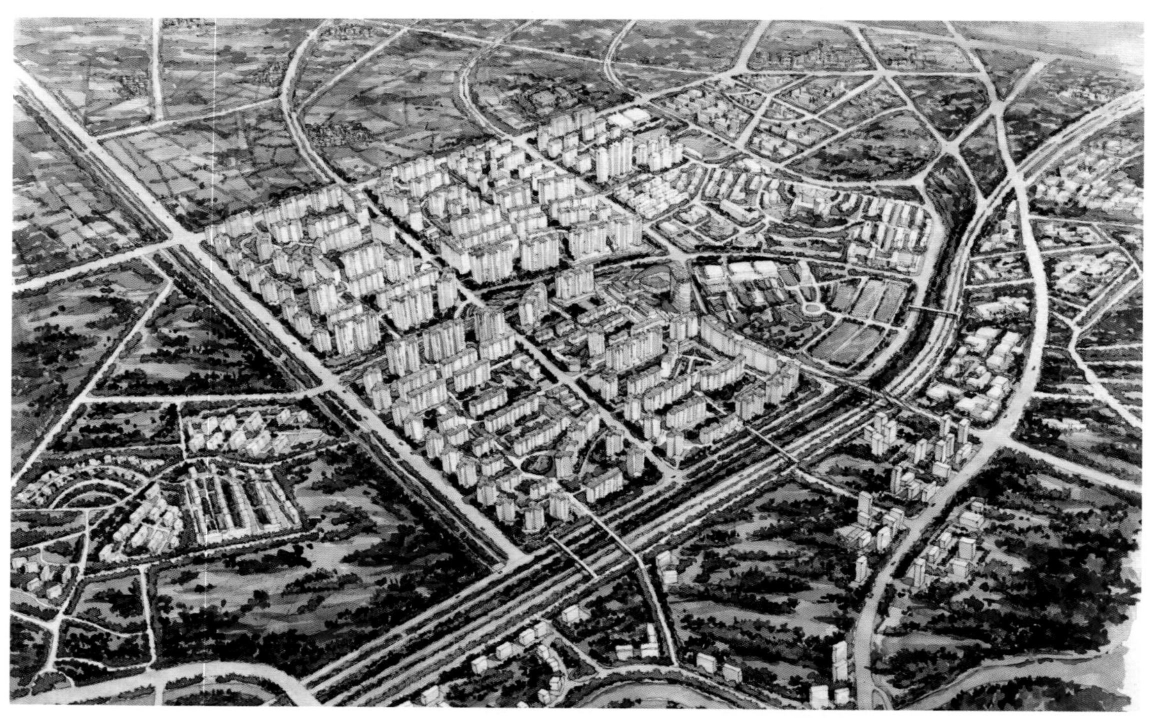

图2-2　城市新区规划设计大型鸟瞰图

图2-3　规划设计大型鸟瞰图

图2-4　总体规划设计超大型鸟瞰图

（2）场景要素

总结不同的环境场景类型可以归纳出一些常见的场景要素，它们虽然在不同的方案呈现各异的尺度、形态和组织形式，但基本具有相近的表现规律。下面我们就列举一下这些常见要素。

建筑组团与场地区块

建筑组团与场地区块（图2-5~图2-16）的绘制当然不是随意勾画的，要根据规划布局方案如实体现，在方案设计中必然会对建筑组团的功能、密度以及轮廓节奏进行考量，而手绘表现应该在取景环节对不同组团进行归纳：将含有特殊造型的建筑组团置于画面的核心位置，这里主要指地标建筑或相对独立的商业建筑，放在近景或中景，以引导视线，强化空间布局的特征和效果；对于体量、密度、高度相对比较均衡的组团，以住宅和工业组团居多，则将其作为陪衬，尽量放在画面不太显要的位置。

在实际表现中，建筑组团是按照透视原则由近至远逐一绘制的，每个建筑能看到三个体面。取景环节也必须考虑建筑的这三个体面的比例关系，主要是顶部，也就是对视线高度的考量。

以商业组团为主的画面，建筑体量大且比较高，可以适当降低整体视高，以更多地表现这些建筑的立面效果。

住宅、公共或工业建筑组团较多的画面，建筑形态和布局比较规律，可适当提高视点，以体现建筑的数量和规模。

建筑类型比较丰富的画面，则根据近景或核心区域的内容来确定视线高度，这些区域的“主体内容”往往是地标建筑和独立的商业建筑，在表现时基本遵循与商业组团同样的“弱化顶面，突出立面”的表现原则。

绘制不同的建筑组团和区块形式是学习手绘鸟瞰图的重要练习之一，可以借鉴图例中比较典型的建筑组团形式，以此为参考进行训练，提高归纳能力，同时提升透视表现的适应性。

商业区

大多为楼层较高的酒店和商务楼，位于繁华地带，密度较大，间距较小，主体建筑底部多为商业裙楼，周边大多为广场或步行街，配景丰富，地面铺装较突出。表现时主要强调建筑立面特征和街道的繁华效果，从线稿的线条密度到着色的色彩饱和度都略高于画面其他内容。

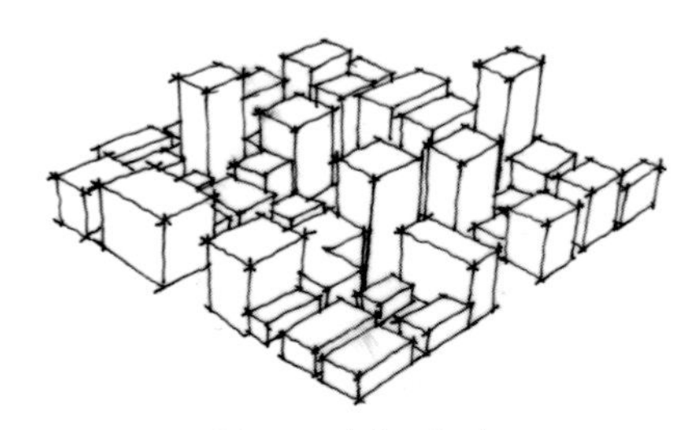

图2-5　商业区（一）

图2-6　商业区（二）

公共建筑

以文化、行政、医院、学校等功能为主的建筑组团，也包括一些不太高的商业建筑。这类建筑通常比较规整、有秩序，但建筑形态丰富，且有明显的体块感和轮廓节奏，多呈围合状，间距适中，立面变化不多，体块之间的空地多以景观绿地来表现。

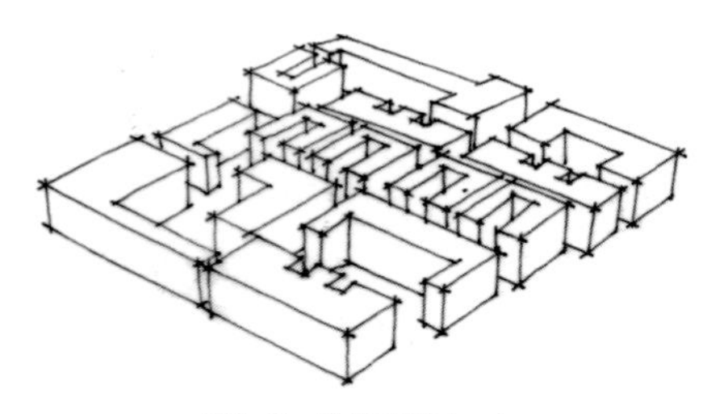

图2-7　公共建筑（一）

图2-8　公共建筑（二）

城市住宅

这是最常见的鸟瞰图表现内容，主要由联排别墅、多层、小高层、高层及超高层住宅构成建筑组团，布局规则有序，形态均衡。多以较概括的形式表现，不需要对立面进行过多处理，楼宇之间多用景观绿地填充，外围则以城市绿化作为边界，借此强化组团形态。

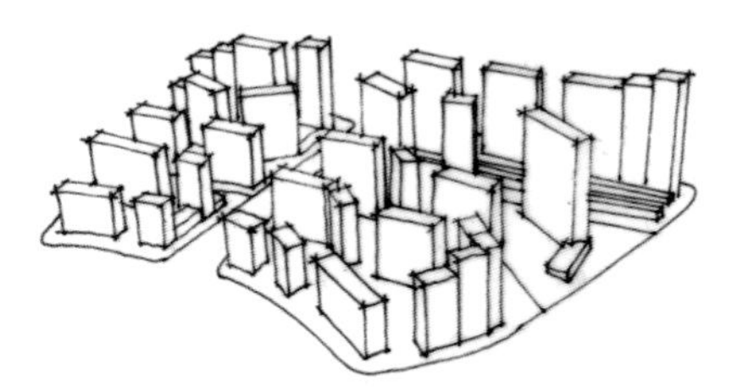

图2-9　城市住（一）

图2-10　城市住（二）

别墅区

位置多处于城市外围或自然环境场域画面中，别墅的布局形式多为线状，配有大面积景观绿地，具有低密度的特征。虽然别墅也属于住宅类组团，但是表现时并不强化边界，而是尽量体现建筑与环境的融合，比较强调屋顶造型与色彩，弱化建筑形态与立面细节，以显示别墅建筑的独立性。

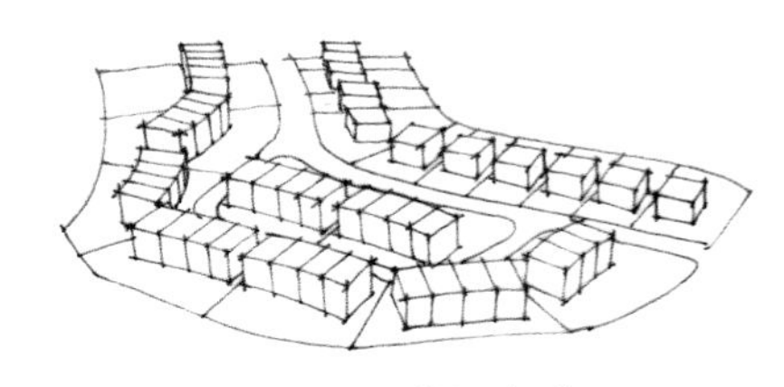

图2-11　别墅区（一）

图2-12　别墅区（二）

保护、保留区域

主要是指在城市规划中需要保护或保留现状的区域，多为民居、老街等具有一定特征和价值的建筑群落或待阶段性开发的老旧建筑组团。这类区域的手绘表现要表达出规划理念，在画面中一般不作为独立画面表现与细致刻画，而以比较密集的线条和较为统一的色彩处理来强调其整体感，突出其与众不同的属性特征。

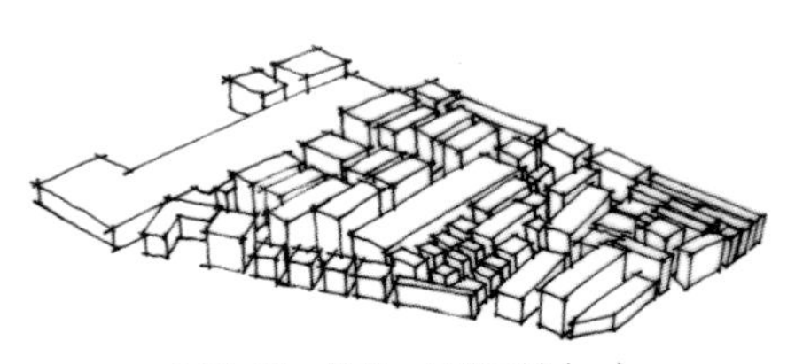

图2-13　保护、保留区域（一）

图2-14　保护、保留区域（二）

高尔夫球场

这是鸟瞰图的特色场地区块，往往占据一定的画面比例，虽然不是以建筑为主的组团形式，但多分布于住宅区附近，尤其是与别墅区关系紧密，是高端住宅的象征性元素。高尔夫球场的表现内容自然是球道、沙坑、果岭、树林和水景等特定元素，其特殊的造型和较高的色彩饱和度对提升画面的视觉鲜明度起着重要作用。

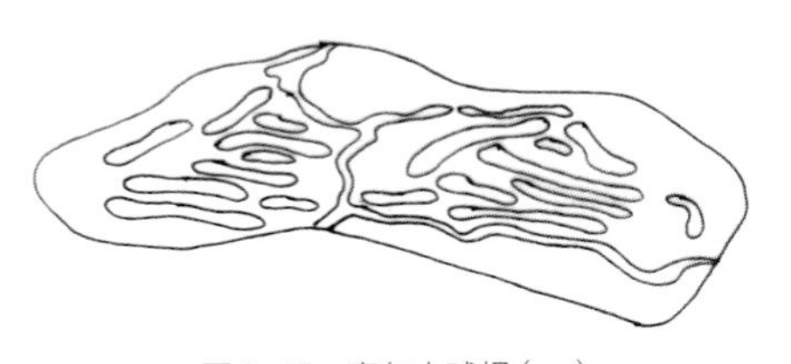

图2-15　高尔夫球场（一）

图2-16　高尔夫球场（二）

图2-17　森林博览城规划设计超大型鸟瞰图

自然环境

鸟瞰图的另一大类型是以自然环境为主要表现内容，也就是相对特殊的非平原城市的地理环境，如岛屿、湿地、山地、林地等，表现这些内容需要一定的绘画基础。

山地

在自然环境主题中最多见的就是山地场景（图2-17），所涉及的规划类型很多，但都不尽相同。这类画面往往场景巨大，视野开阔，建筑群分布于山上、山下、山谷之间，在取景时必须考虑空间纵向起伏和进深层次关系，并且要根据山体体量、数量和高度确定视线高度，以考虑其对建筑的影响。山体是画面的主要角色，有时甚至会作为画面近景表现，因此，大到山脉小到丘陵，都是此类鸟瞰图的重要特征和效果体现。大量表现工作集中于对山体轮廓、肌理和空间关系的描绘，这种写实的表现形式也是此类画面主要难度所在。

湿地

有生态净化作用的湿地系统设计已逐渐成为一股潮流，这类主题的鸟瞰图也越来越多（图2-18、图2-19）。在鸟瞰图的画面中，湿地通常占据近景的较大面积，以突显其特殊地位。绘制时比较强调陆地与水面相互融合过渡的效果，边界比较模糊，除水面之外，画面内容以植被和水生植物为主，湿地区域内人工内容比较少，常见的元素有栈道、瞭望塔、平台等。

表现湿地主题的鸟瞰图通常尺度比较大，与城市环境表现手法不同，效果处理也有明显的差异，对画面整体色彩关系的把控尤为重要。

图2-18 湿地公园设计大型鸟瞰图

图2-19 生态新城规划设计大型鸟瞰图

图2-20　半岛生态旅游度假区规划设计超大型鸟瞰图

岛屿

以岛屿为画面主体的鸟瞰图并不多见（图2-20），虽然同样有城市或建筑群落，但表现主旨很明显是针对岛屿的独特地理环境，重点突出其独立性和自然美感。岛屿鸟瞰图的画面视野非常大，取景原则是尽量将整个岛屿纳入画面中，水面往往占据一半甚至更多的画幅，所以这种鸟瞰图的整体色调多为蓝绿色，而建筑在其中的表现则十分概括，主要靠相对鲜艳的色彩塑造群体形态，与蓝绿色背景形成反差，成为体现画面活力的点缀成分。

其他

还有一些较有针对性的表现题材（图2-21），如乡村、厂区、林地等，这些题材在较大场景的鸟瞰图中并不鲜见，主要作为画面的配角，分布于规划主体周围，要以大场景呈现这些区域则具有一定的难度。手绘鸟瞰图并不是一张巨大的彩色平面图，其价值在于画面效果，画面效果不能只靠大场景的表现，而是主要依靠氛围描绘所创造的环境识别性，场景越大，概括性的表现越强，氛围营造的难度就会随之提升。所以，客观现实地讲，并非任何规划方案都适合手绘鸟瞰图。

图2-21　城市设计区域总规划超大型鸟瞰图

2. 取景

取景是构图的先决因素，简言之就是选择一个最适合的表现视角，在充分体现设计意图的同时，使画面达到更好的视觉效果。不同的环境场景、不同的规划方案的取景方式虽然不会完全一样，但可以归纳出一些规律和原则。

（1）角度与范围

视角方向和所要表现的空间范围，这两者是同时考量的。

鸟瞰图取景首先要对方案主体进行分析，需要明确：并不一定要将完整的平面图全部纳入画面，也不是空间场景越大越好，而是要以“主体内容”优先为原则，确定观察角度与进深尺度的前提是确保主体内容得到完整表达。

“主体内容”是指规划方案的重点区域或组团，是画面重点描绘的部分，鸟瞰图绘制者要明确规划方案中的内容主次关系。所以，取景原则首先是确保“主体内容”处于画面的中心或中心附近位置，其他内容作为陪衬，不一定要全部纳入画面中（图2-22）。

如果仅考虑“主体内容”，从表现岸边密集的建筑组团的目的出发，我们可以局部取景。这样的构图纳入了大部分“主体内容”，而且更细致地描绘细节，但在失去了周围环境描绘的“支撑”后，画面显得比较呆板，缺乏生动的场景效果，失去了场景气势，让人产生明显的不完整感。

如果有特定需要必须将全部规划内容完整展现，可以选择与规划总体形态对应的长画幅，即横向拉伸的画面构图（对角构图与一字构图），可以使全部内容一览无余（图2-23）。

在这幅鸟瞰图表现中（图2-24），规划方案和周边环境整体沿河分布，呈细长的线形形态。由于规划方案中包含了很大比例的空余空间，与水边密集的建筑组团形成了反差，为了避免失衡，表现时利用蜿蜒迂回的河流、较长的跨河桥梁，以及远处的山体，使整个画面内容统一、协调，达到均衡且完整的画面效果。在这张鸟瞰图中，外围的环境特征也成为主角。

图2-22　确保“主体内容”处于画面的核心 / 城市规划设计大型鸟瞰图局部

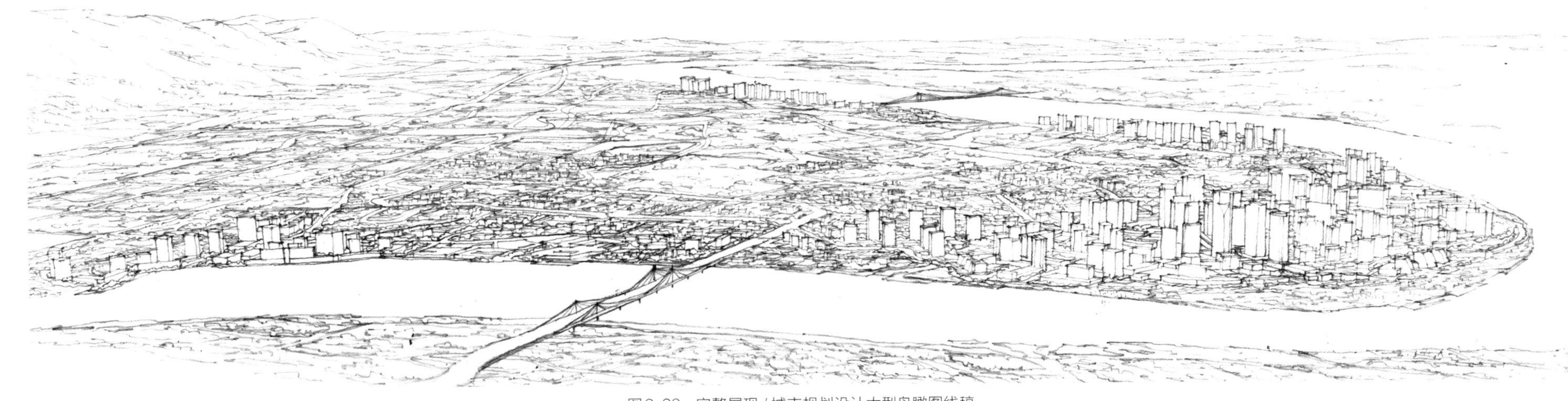

图2-23　完整展现 / 城市规划设计大型鸟瞰图线稿

图2-24　完整展现 / 城市规划设计大型鸟瞰图

为了更全面、立体地表达规划方案，会为同一方案绘制不同视角方向和表现范围的鸟瞰效果图（图2-25~图2-28）。如此大成本的付出并非奢侈，是因为单一角度很难全面阐述设计内容和意图，特别是我们前面提到的滨水、山地等自然环境，在不同角度观察的视觉体验效果差异是很大的，不同视角的鸟瞰图绘制就会很有必要。

本页和下一页的鸟瞰图是同一方案的不同视角，主体内容是半岛形态。图2-27力求通过场景规模展现气势，能够看到总体的交通与区域关系，不展现细节，因此设定了较远的取景距离，且将画面的一半留给了水面，也因此获得了宽广、宏伟的场景效果；而图2-28则是为了更清晰地展现建筑风貌与组团形态，因此拉近了取景距离，同时降低了视高，既能够比较清晰地展现主体内容细节，又将水面尺度和对岸环境地貌表现出来，可谓一举多得。

图2-25　视角一

图2-26　视角二

图2-27　视角一 / 湖滨生态城控制性详细规划设计超大型鸟瞰图

图2-28　视角二 / 湖滨生态城控制性详细规划设计大型鸟瞰图

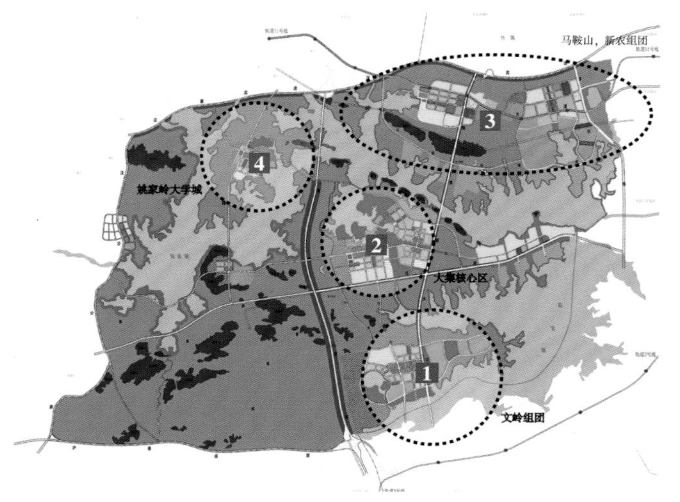

图2-29　总平面图与取景视角

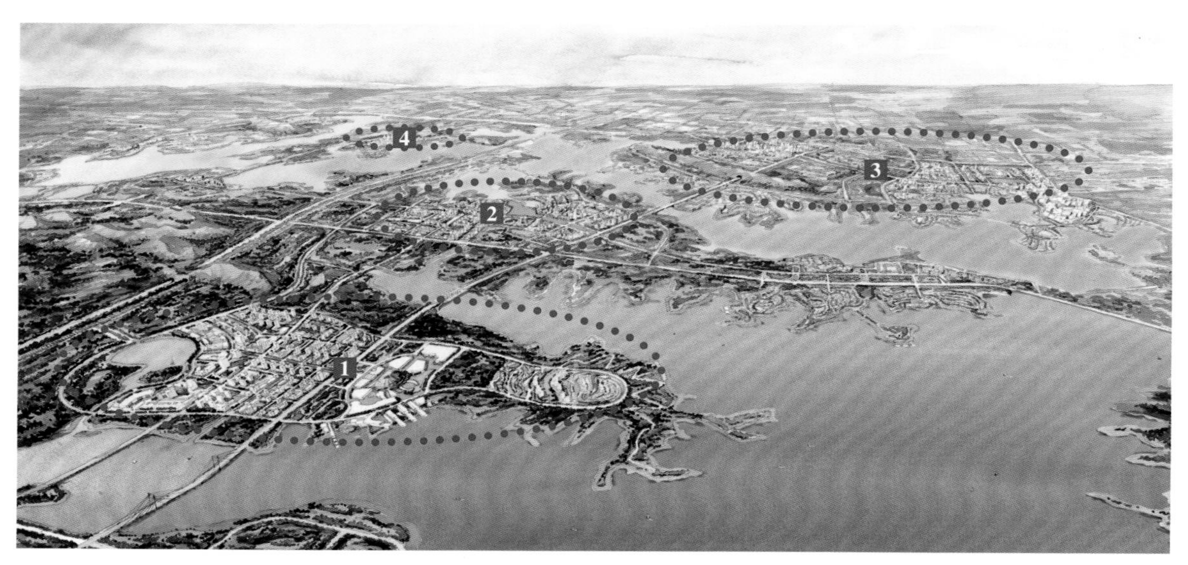

图2-30　城市设计全场景超大型鸟瞰图

再来看两个同一项目不同视角的鸟瞰图，从总平面图（图2-29）可以看出，项目场域内包含四个地块。

第一张是完整的超大型鸟瞰表现图（图2-30）。从保证方案表现的完整性角度出发，将四个地块全部纳入进来，虽然达到了体现完整场域的目的，但是无法清晰地表现具体的规划内容。即便是处于近景的一号地块，其中的细节也很难分辨，其他区域则更是概括，只依靠色彩区别表现，想要进一步了解规划详情，还需要作分场景表达。

第二张鸟瞰图（图2-31）是一号地块的分场景表现，从不同的视角方向做了有针对性的取景，明确展现了该地块的规划特征和具体内容。与此同时，在画面远景中加入了二号地块的部分内容，增强了区域的识别性、方位角度与尺度关系，避免了独立分场景画面从完整规划方案中脱离。

在确定视角方向的时候，还有一个值得注意的因素——光。要尽量避免完全逆光的视角方向，虽然这不是绝对禁忌，但如果条件有限，只能由北向南取景，可以适度地向西北或东北方向偏移来进行调节，否则在着色环节就要花费过多的精力处理大面积建筑暗部和地面光影，增加工作量和效果把控的难度。

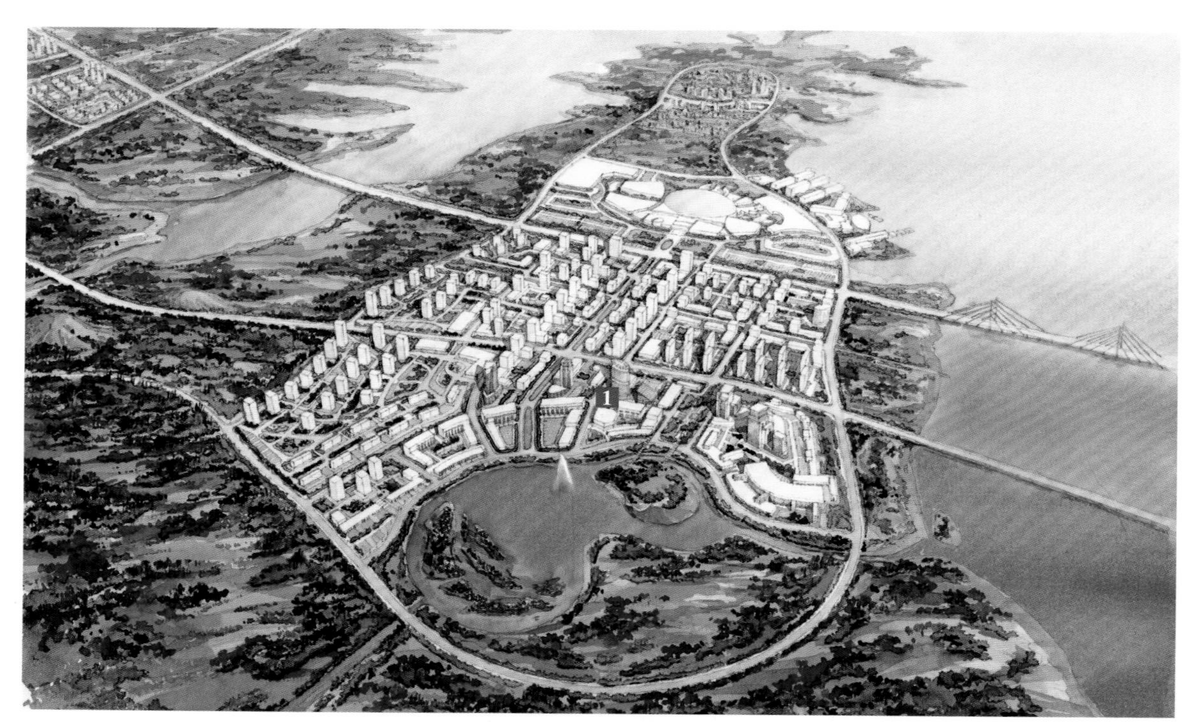

图2-31　城市设计一号地块大型鸟瞰图

（2）视线高度

视线高度是鸟瞰图取景的纵向维度，是关系到画面视觉效果的主要因素之一。这不是简单的视线夹角问题，而在于垂直与水平的比例关系把控，我们根据实际应用经验，归纳出1：X的几个常用比例，供大家参考（图2-32）。

不同比例所要体现的不是单纯的视觉效果差异，更重要的是反映场景尺度。“1”代表垂直维度的量，也就是视高，“X”代表水平维度的量，也就是所要表现画面内容的大致边界。比例1：2适合较小场景的鸟瞰图（图2-33）；而比例1：（3~5）则适合更大场景的鸟瞰图（图2-34~图2-36）。

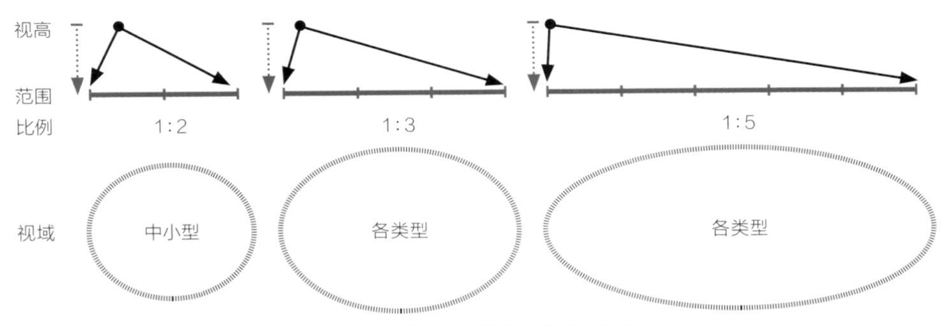

图2-32 视高与取景范围比例示意图

当然，这只能作为参考，因为视高的确定归根结底还是要从方案本身去考量。确定视高不是孤立的环节，而是与视角方向选择同步进行的，应该做到水平与垂直两个维度相互审视、共同调节，是对不同方案设计表达的针对性选择结果，没有绝对的“法则”和标准的“答案”。

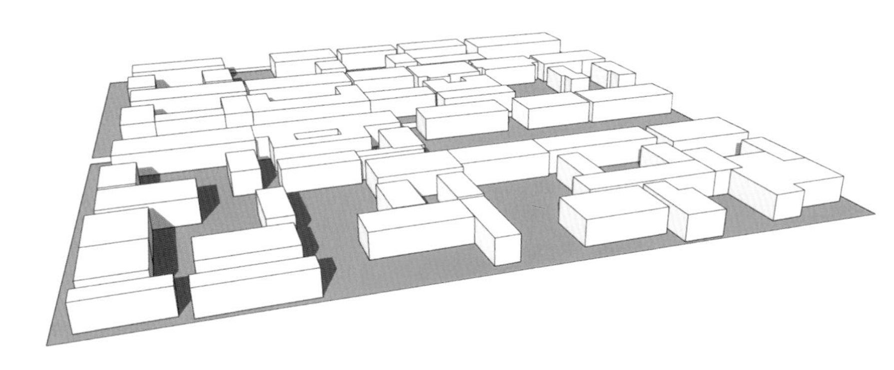

图2-33 视高与表现范围1:2效果示意图

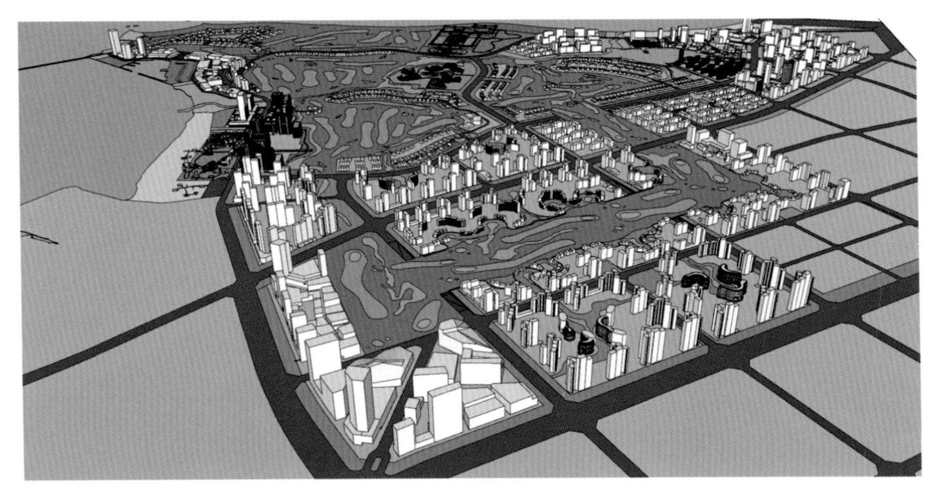

图2-34 视高与表现范围1:3效果示意图

图2-35 视高与表现范围1:4效果示意图

图2-36 视高与表现范围1:5效果示意图

图2-37　总平面图

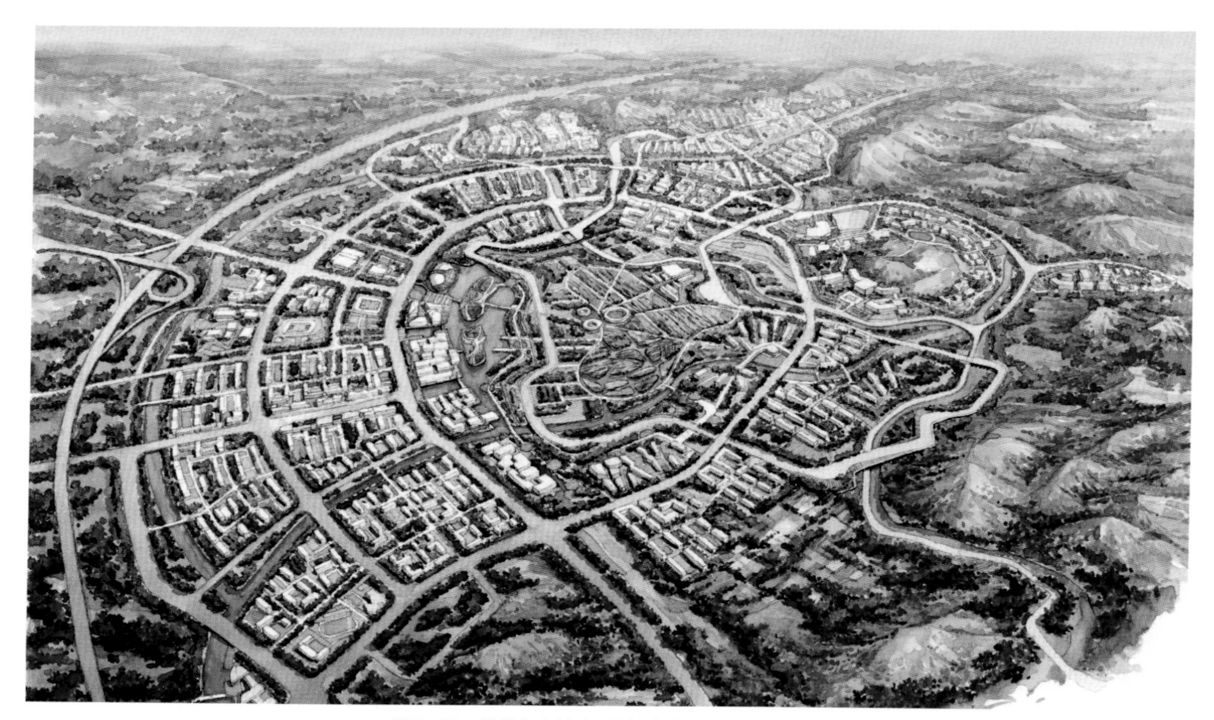

图2-38　俯视角度过大 / 控规方案设计大型鸟瞰图

视线高度要根据表现对象及其环境特征来进行确定，也是基于对方案的分析。不能单纯地认为视点与地面的夹角越大，越俯瞰，就越像鸟瞰图（图2-37、图2-38）。视线与地面的夹角角度过大会导致画面失真，脱离正常的视觉感受，并且会变得与平面图无异，很难体现空间进深感，缺乏生动立体的画面效果，失去鸟瞰图表现的意义。造成这种错误是因为缺乏经验，一味追求画面表现的“全面性”。

鸟瞰图的绘制不必过分追求俯瞰效果，对于画面内物体之间的相互遮挡也不必过于担心。事实上，不完全俯视，存在“遮挡”，才能使画面具有主次分明的层次关系，才能使画面更加生动和真实（图2-39、图2-40）。

视高的确定还能够调节画面的进深层次，即便天际线不在画面中，进深的空间效果也可以通过视高的调节而得到强化，在表现时，可以绘制草图小稿进行验证和推敲。值得一提的是，现今绘制手绘鸟瞰图多以计算机模型为基础，可以即时调整多个角度，展现多种效果，非常便捷。“手绘鸟瞰图不应该在任何环节使用计算机”的过虑是没有必要的。

图2-39　正常视觉感受 / 滨水规划设计大型鸟瞰图

图2-40　正常视觉感受/重点地段城市设计小型鸟瞰图

（3）景深

景深也是鸟瞰图取景的重要考量环节，与前面提到的取景范围不同，景深代表画面的整体纵深，是从近景出发到画面“尽头”之间的距离，主旨是创造更深远的空间效果。从表面上看，景深是客观存在的，很多学习者对景深的确定感到无从下手，实际上，景深的可变性很大，可以主观地设定和把控。

景深形式

从画面的整体结构讲，景深分为两种形式——完全景深与主次景深。

完全景深的画面比较完整（图2-41），主要特征在于“主体内容”与周围环境浑然一体，没有特别明确的边界，视高偏低，远景通常保留一定比例的天空，画面效果清新通透。完全景深的优势是场景纵深感强，体验感真实。这种景深比较适合表现较大场景的规划设计，能够全面且相对突出地表现地貌特征以及城市肌理。

主次景深的画面有明显的主题感（图2-42），“主体内容”的边界比较清晰，与外围环境区分明确，同时画面的边缘也常常采用渐隐处理，不刻意设定天际线。这种景深形式的意图十分明确，就是突出主体内容，周边环境完全是陪衬作用，较完全景深更具形式感和针对性。这种景深形式常常用来表现较小的区域，如独立的建筑组团、公园或其他主题性和功能区域性较强的内容，也包括周围没有山体、水域等明显特征的环境场景。

景深层级

从画面内容的角度来说，景深又分为“实景”与“虚景”两种层级。

实景就是主体内容，一般占据画面的近景和中景，大致为总体进深的80%，是需要客观、如实表达的。

虚景是主体内容以外的场景，多为农田和山体等，所占景深比例很小，位于画面的尽头，一般进行高度概括性表达，内容表现的虚拟性较强，不会对画面整体效果造成影响，可以灵活地进行主观处理。

图2-41　完全景深 / 创新科技园总体规划设计大型鸟瞰图

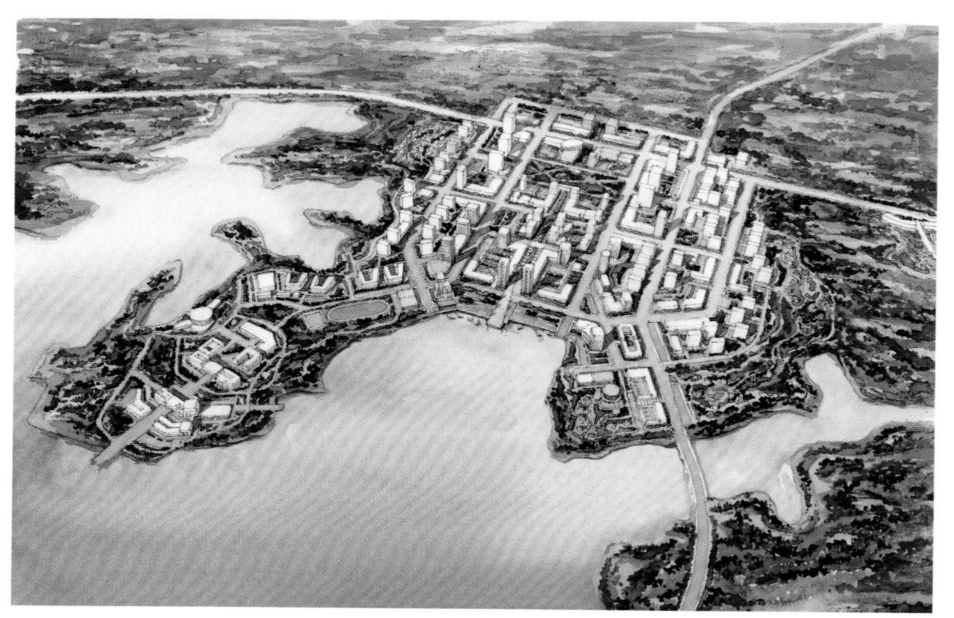

图2-42　主次景深 / 城市设计大型鸟瞰图

图2-43 景深层次示意图 / 城市规划设计大型鸟瞰图

图2-44 贯通性的“线索”示例 / 新城规划及城市设计大型鸟瞰图

景深层次

按透视效果划分，鸟瞰图的画面景深分为：近景、中景和远景。三者的画面占比约为5：3：2，每层景深再各自细分为两部分，即由近至远按比例分为2：1，这样就得到了一个近大远小的透视层级关系。下面我们以图2-43为例，逐一说明它们在画面中的作用。

近景——主要作用是增强画面生动性与活力，体现场景特征，同时强化景深反差，通常以“虚实”分为两类：

第一类为“实”。将主体内容的“起始点”设置在近景区域，会进行比较丰富的细节刻画和大量的配景添加，以此强化真实感、生动感，同时加大与中、远景的空间对比。

第二类为“虚”。有些鸟瞰图的近景是从主体内容的外围环境开始的，将大面积种植或者其他配景作为内容，使画面视觉效果集中于中景部分。此类近景表现的目的是陪衬主体和画面补充，形成对中景主体内容的“眺望”效果，所以，表现时“虚拟”成分比较大，甚至与实际环境并不完全相符。这种近景表现形式也可以进行概括性的虚化处理，例如在主次景深的画面中就可以这样处理。

中景——是画面的核心部分占据中心部位，是重点体现主体内容的景深层级，所以通常比较饱满。在表现时需深入刻画，其清晰度、对比度和色彩饱和度较周围环境和内容相比都会略微提升。所以，取景环节对中景的计划安排是优先考虑的。

远景——是画面占比最小的景深层级，“身形虽小作用巨大”，这部分作为画面“收尾”，也是整体景深效果的最直接体现，同时也起到画面填充作用。因为透视尽头被高度压缩，所以这部分景深表现十分概括、放松，虚拟性也非常大，表现内容多为山体、水域、森林或农田。山体和水域一般是真实外围环境的表达，而在外围环境没有任何特征的情况下，则以森林和农田填充远景，具体画法会在后面章节讲解。

这三个景深层次的关系是相互衬托，互相融合的，相互之间的比例关系也应灵活微调，这取决于实际要表现的方案内容和环境特征。在取景时可以选择一个线性元素，如道路、河流等，将其作为画面中的“线索”引导视线，同时也作为景深体现的定位参照，这是增强画面整体进深层次和效果的有效手段（图2-44）。

特色近景取景

对于一些表现意图和指向性更明确的画面，鸟瞰图的取景也会将主体内容设置在近景，比较常见的是地标建筑、商业中心、码头、特色景观或构筑等。选择这样的表达形式一方面是想要更有针对性地表现主体，另一方面则是出于氛围效果的考虑。

这些主体元素的场景特征相对活跃，通常需要表现街道、水景、人群、车辆、路灯、广告牌，以及变化丰富的铺装和清新通透的绿地，这些元素具有较强的动感和贴近生活的真实感，能使画面具有更好的观赏性。如果把这些元素放置在中景区域，则有可能因为距离较远而无法充分刻画细节，使氛围效果大打折扣。

把特色近景设定为“起始点”，中景则作为陪衬，辅助烘托气氛。这种特色近景取景的方式比较适合主体内容范围不大，而且表现针对性比较明确的中、小型鸟瞰图（图2-45、图2-46），可以引导观者更直接地感受、理解设计意图。

图2-45　国际康养度假区规划设计中型鸟瞰图局部

图2-46　湖滨生态城重点地段城市设计中型鸟瞰图

3. 构图

如果说取景是对画面布局、场景气氛、空间效果的总体构思，那么构图则是在此基础上搭建画面结构，也是对取景的初步验证。

手绘鸟瞰图的构图要延续取景构思时的整体方案意图，有针对性地安排画面布局。下面介绍几种经典的鸟瞰图构图形式，通过这几种构图形式的学习我们能掌握如何灵活地调配和组织画面。

（1）满铺构图

满铺构图是鸟瞰图最普遍的构图形式，基本适用于所有的规划方案以及任意大小的场景表现。主要特点是视线较高，没有天际线；由近至远层层递进，主要通过道路系统表现空间景深。

图2-47是非城市场景的别墅区鸟瞰图，建筑组团密度较低，外围环境比较丰富，道路穿行于水域和山体之间，形成了优美的曲线形态，山体的自然围合使画面的主体内容和水域更加突出。这张鸟瞰图外围环境较大，方案主体内容比较少，虽然不是大型鸟瞰图，但满铺构图形式能使观众对画面以外的空间产生延展联想，有着大型鸟瞰图的张力。图2-48的鸟瞰图，道路系统搭建出规划方案的结构框架，引导并加强了空间的进深，主要的两个地块沿道路轴向伸展，画面中的水域均衡分布于不同位置，起到了平衡画面的作用。这张示例图的主体内容与外围环境占比比较均衡，内容元素充实，是比较典型的大型鸟瞰图，从范围、视角到景深都比较适合这种满铺构图。

这两张图的尺度范畴不同，但都采用了满铺构图。图2-47具有局部表现特征，营造静雅优美的环境氛围，图2-48则非常全面、完整、均衡，体现了宏大的场景气势，两者的共同点都是利用道路系统的形态搭建画面结构。

总的来说，满铺构图形式的兼容性和实用性都很强，适合多种场景表现。

图2-47　别墅区规划设计中型鸟瞰图局部

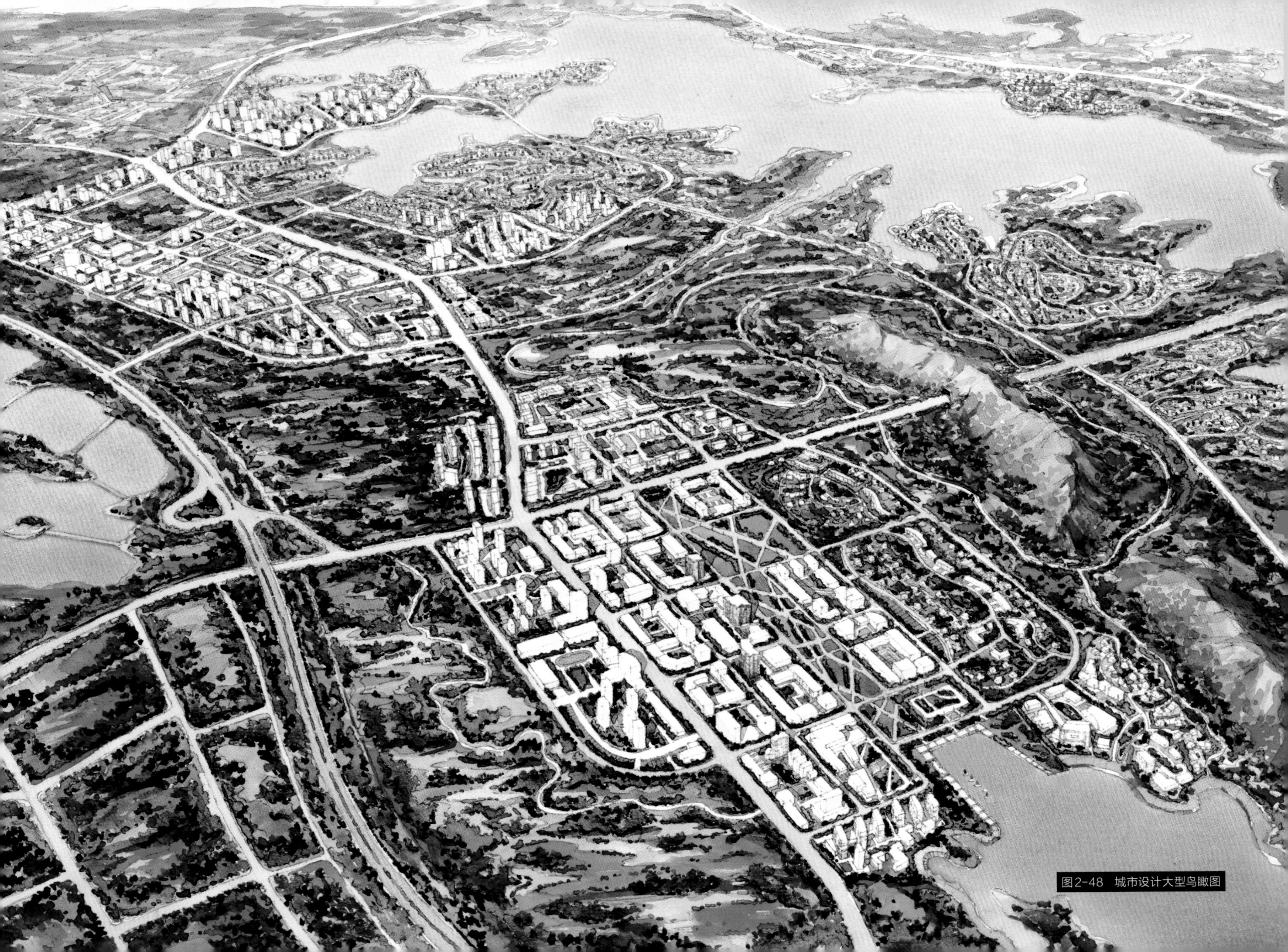

图2-48　城市设计大型鸟瞰图

（2）天际线构图

以天际线作为远景的边界，是另一种比较常用的鸟瞰图构图形式（图2-49）。有天际线的画面感觉清新通透，景深视觉效果深远，主要适合大场景城市题材的表现。

天际线在鸟瞰图中不是必须存在的，可以把它理解为一个可以自由设定的“虚拟边界”。它不是地平线，更不是视平线，可以将其理解为“景深收尾”，是带有美感的“边界形态”，上方少量“露出”的天空可以提升画面的空间效果。鸟瞰图中的天际线要有形态的变化，哪怕是很轻微的地形起伏，或者虚化处理，总之不能是一条平整的水平线，那样会很生硬，而且会被误认为是地平线，反而降低了景深效果。

许多初学者会对天际线位置的设定感到困惑。虽然没有绝对的规则，但根据实践得出经验，一般来说在画面的1：6位置上下会比较合适，“1”是指天的占比，“6”是指地面的占比。具体的比例关系需要根据画面内容和效果特征而定，如果视线较高，则天的占比略少于“1”，如果视线较低，则天的占比略大于“1”。此外，如果画面密度较大，内容饱满，天的占比可略少，反之则略多。在实际表现过程中不必过分纠结天际线的位置，因为在表现结束时，无论是手工原图还是扫描的电子文件，都会根据画面实际效果对其进行裁切处理。

图2-50　城市设计大型鸟瞰图

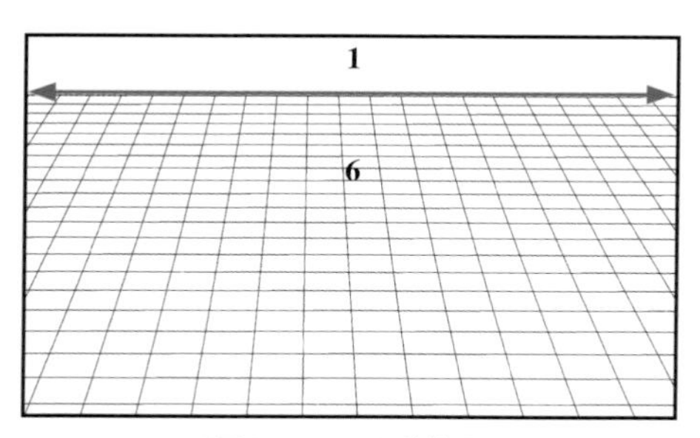

图2-49　天际线构图

与满铺构图相比，天际线构图的视高比较低，主要强调大的景深效果，近、中、远景层级分明，过渡自然。这种构图形式因为视高偏低，表现的内容之间会有明显的相互遮挡，产生重叠效果，对于主体内容密度较大的画面需谨慎选择。

图2-50是一张典型的天际线构图表现。建筑组团密度适中，场景氛围平静、放松，远景自然消失，天际线没有明显的轮廓形态起伏，扩大了画面的视野，增加了画面通透性和景深层次效果，加强了场景真实感和生动感。

（3）一字构图

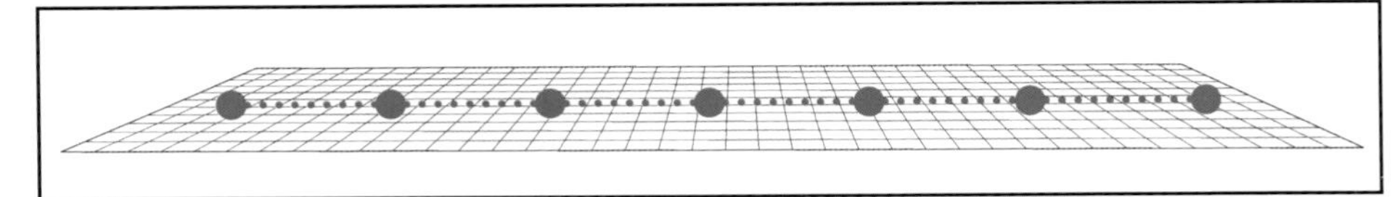

图2-51　一字构图

图2-52　渲染视角

一字构图（图2-51）是比较特殊的构图形式，是横向展开的长卷式构图，近似于立面表达，也有一点透视的特征。一字构图适合表现顺应地形延展的线性布局，特别是依山而建的山地类规划项目，能很好地体现主体内容在不同高程地形上的错落效果（图2-52）。但是表现景深层次的难度较大，在绘制过程中，需要反复调节处理近实远虚的关系，同时也需要花更多的精力斟酌背景轮廓线。以图2-53为例，背景山体的起伏变化“打破”了一字线条的生硬呆板，舒缓了下方密集的节奏，为画面增添韵律美感，营造景深层次，对画面起到重要的调节作用。

一字构图的鸟瞰图都是超大型鸟瞰图，不仅表现难度最大，表现的内容也是鸟瞰图中最多的。以图2-54为例，画面中包含了多个区域，不仅包含马场、葡萄园、高尔夫球场、滑雪场、圣诞小镇等功能区，还有滑雪会所、登山缆车站、山顶教堂，会所与农庄等多个设计节点。

图2-53　山地度假区规划设计超大型鸟瞰图

图2-54　山地度假区规划设计超大型鸟瞰图

（4）对角构图

对角构图是比较特殊的构图形式，多应用于滨水场景类型的鸟瞰表现，构建水陆分明的画面格局。采用接近对角线的分割形式，能营造一种积极的动态效果，具有特殊的画面形式感。

对角构图主要突出水陆交界的轮廓形态，这条交界线是控制画面构图的最主要因素，通常以3：2的比例分割画面，“3”为陆地部分，因为陆地是承载主体的，而且表现内容也比较丰富、饱满，这样就更能突出画面的动势。在规划项目中，带状形态案例比较多，采用对角构图能够有效控制画幅的横向延展，呈现比较鲜明的画面形式感。在构图时需要斟酌用哪一端作为近景才能更好地表达设计的核心内容。

图2-55就是典型的对角构图，可以看出这种构图形式中景深层次的横向关系。画面近景是养殖区，远景是水上高尔夫和污水处理厂，中景是方案重点表达的内容“水上游乐园”，通过高度饱和的色彩表现成为画面的重心。与岸线呈平行关系的多条道路和水系所构成的秩序感，能够更加强化对角构图的画面结构形态及其带来的动态效果。特别需要说明的是，画面下方的大桥与岸线形成直角关系并向陆地延展，形成了另一条“主线”，构成另一个方向的左右分割，两者的交叉点成为水上游乐园的“起始点”，使画面重心更明确，视觉效果更舒适，同时也有效缓和了以岸线为主的多条平行线形成的强势感和生硬的规则感。

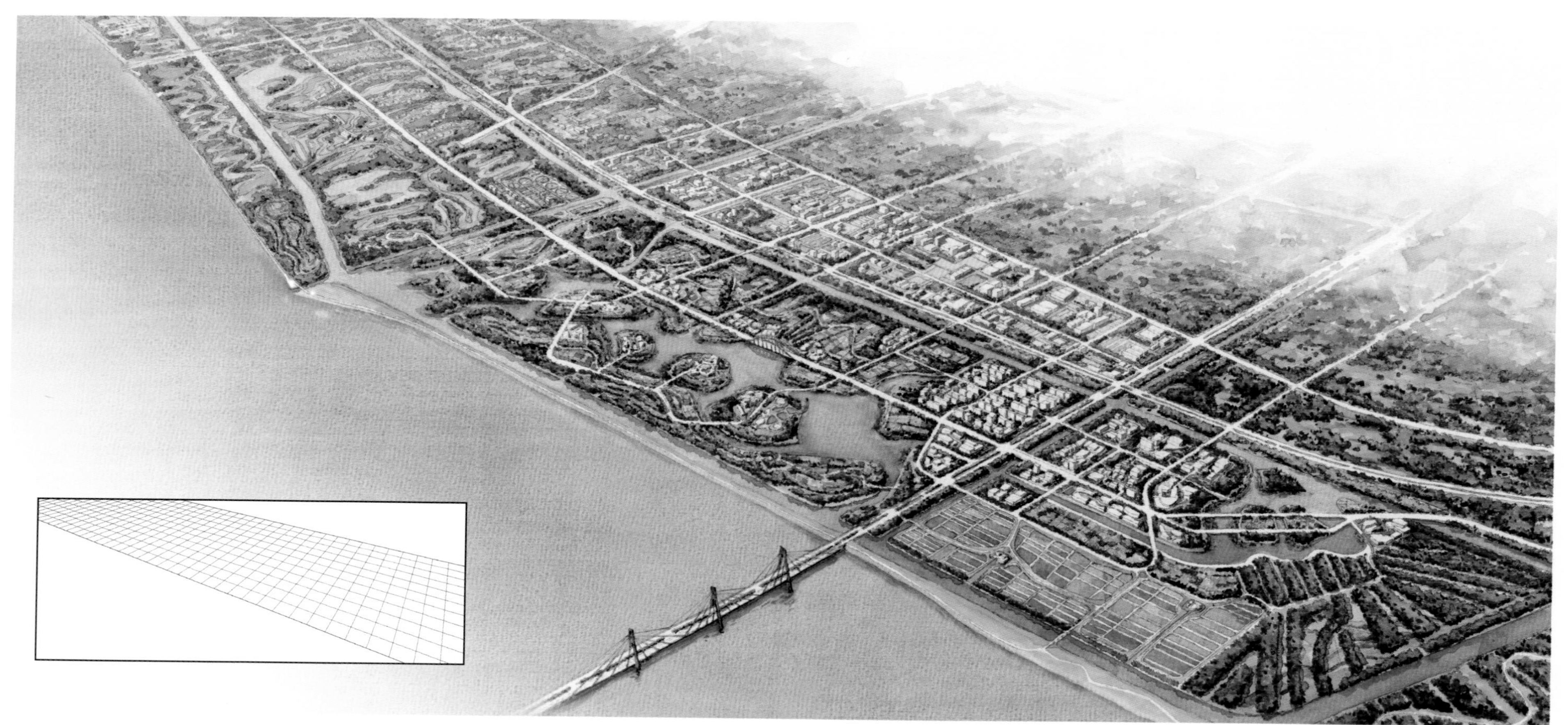

图2-55　对角构图 / 江海湿地规划方案设计超大型鸟瞰图

（5）中心构图

中心构图是小型鸟瞰图常用的构图形式，集中表现画面中心的内容，外围环境则逐渐消隐，既能突出主题内容，又能营造具有形式感的画面效果。中心构图很像大型鸟瞰图的局部，但并不仅仅用于表现小场景，它的视高也并不低，基本原则就是强化主体视觉（图2-56）。

主体多为比较特殊的建筑组团和主题景观，与主体相邻的环境表现也很细致，逐渐向四周扩散淡化直至画面边缘，呈现有节奏的空白。这种“空白”是根据画面特征而定，是一种省略手法，并非提前“留白”。消隐的边界要有明显的形态变化，对画面中心主体形态起到呼应和陪衬作用。边界形态并不规则，会根据画面的密度分布进行调整，密度较大的区域，其周围的边界形态变化就会稍微多一些，反之则略少。

图2-56　景观建筑概念方案设计小型鸟瞰图

（6）主线构图

确切地说，主线构图并不是一种构图类型，而是一种有效的画面结构处理方法，也是一种鸟瞰图表现的思考方式。所谓“主线”，主要指道路和水系线条，利用它们搭建画面的“骨架”，确立画面重心和密度分配的同时，将画面分割成不同形态的区块，再在各区块内进行细分，形成网状结构，最后进行点的描绘，这与规划设计的手法近似。“主线”并不是指某一条线，而是比较明显的四五条线，它们相互贯穿、分割、交错，将画面“撑起”，“主线”也不会是邻近的几条线，更不会出现巨大的空白，使画面失衡。

主线构图没有特定的画面形式，它的原则是依据场域的轴向关系和方案中的主干道路、水系等线性元素搭建画面结构，与取景和整体构思有关。采用主线构图的鸟瞰图各有特点，但也有一些相似特征，如多为大型鸟瞰图，视线较高，大多具有满铺构图和对角构图混合的特征，有清晰的道路系统或水系贯穿画面。用主线搭建画面结构，通常会根据方案内容梳理不同级别的主线，简单的形式是一主一辅，相互平行或十字交叉；较复杂的形式是由中心向四周，以线性、扇形扩展（图2-57~图2-60），将空间划分为中心区域和扩展区域，相互呼应。

在主线构图中，水系比道路更适合作为核心主线来确定画面结构，因为水系比道路更宽大，边缘轮廓和色彩更丰富，在画面中的视觉效果会更加突出。在图2-61中，画面的核心主线是一条有形态变化的河流，河道旁边有一条贯穿画面的道路，但是河流的色彩效果更胜一筹，更适合作为画面的主轴，周边建筑组团呈带状向外扩展，使画面更具活力（图2-62、图2-63）。

在构图过程中，需要不断地审视方案整体的网状结构，有可能会出现视觉效果不佳的情况，比如密度失衡、透视感不真实（平面化效果明显）、某些线条明显“不好看”（多见于曲线），出现这些问题一般不是线条绘制失误，而是取景角度和高度有问题，需要重新调整。总之，主线构图需要在正式绘制前反复用草稿验证，不需要花费很多时间，绘制草稿能积累手绘的能力与经验，是很好的手绘习惯。

图2-57　主线构图示意图（一）

图2-58　主线构图示意图（二）

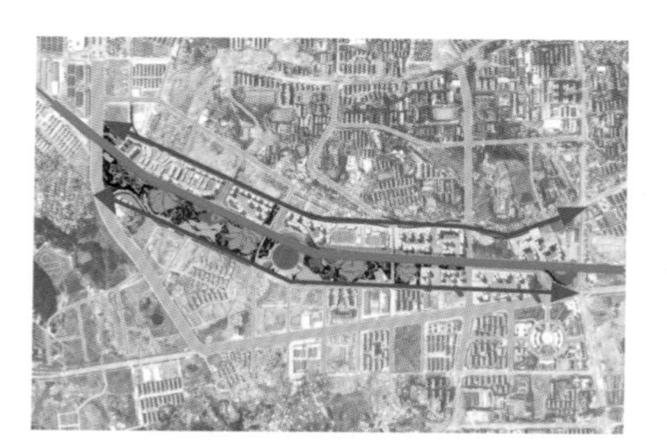

图2-61　总平面图

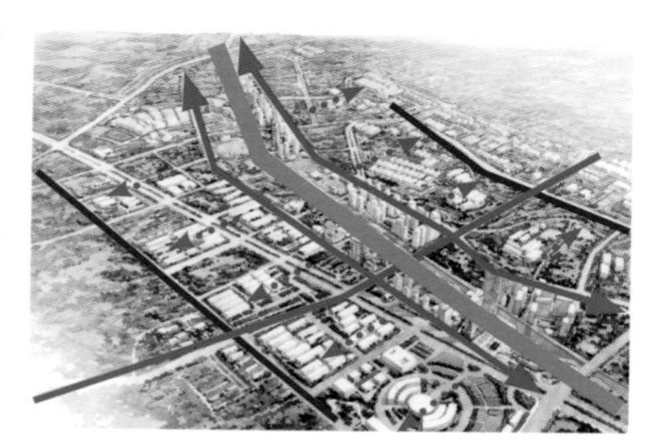

图2-62　主线构图示意图

图2-59　主线构图示意图（三）

图2-60　主线构图示意图（四）

不要把主线布局视为简单的路网结构透视化表现。路网结构虽然是画面动态体现的关键因素，但是主线的确立取决于取景环节的构思与计划，要对方案进行分析、斟酌，对取景范围、视角方向、视高、景深等因素进行综合考量，进而提取出适合的“主线”。用主线进行画面结构布局的同时就初步设定了透视框架，这个过程往往需要反复审视调整。鸟瞰图手绘以追求视觉效果舒适为目的，有较强的主观性，细微处不完全受制于透视，也允许误差，与计算机“如实”自动化生成画面有本质不同。所以，分析、提取、绘制、调整主线的过程也是学习手绘鸟瞰图表现不可跨越的训练环节。

图2-63　滨河生态景观区规划设计大型鸟瞰图

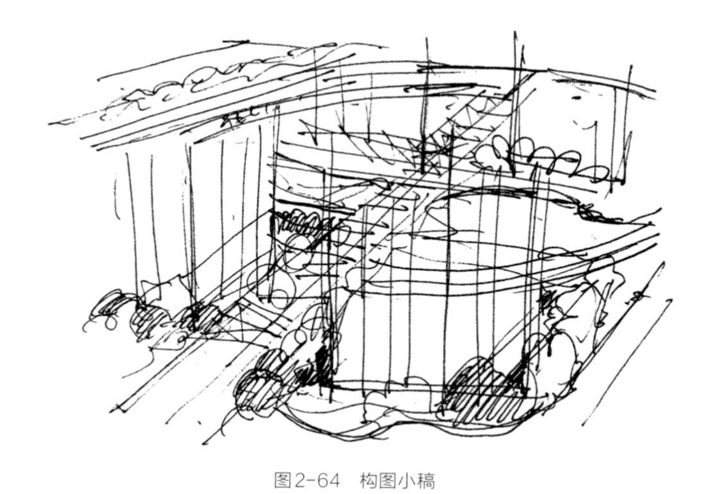

图2-64　构图小稿

图2-65　社区景观设计小型鸟瞰图

（7）构图小稿

构图小稿是在取景并制定构图计划时，随时勾画不同表现范围、视角方向、视高、景深、主线组织或构图形式的构想草稿，进行对比后选定大致格局，再绘制新的小稿作进一步的调整，直至确定画面布局（图2-64）。在这个过程中，可以进行概括地着色，比如用浅绿色涂染外围环境的绿地和山体，用蓝色涂染水域，甚至可以用涂改液在有色的区域勾画道路。着色的目的是提前审视大致的色彩覆盖面积，通过色彩比重来考量取景与构图是否合理，同时可以预估未来的表现效果（图2-65）。

不称其为“表现图”，是因为构图小稿不讲求任何表现技法和效果；幅面也不受限制，可以非常小；不受工具限制，铅笔、绘图笔、彩铅、马克笔均可；画面非常概括，甚至只有几条线和一些点，没有具体形态和任何细节。我们知道，取景与构图是手绘鸟瞰图表现的构思与计划体现，手绘学习的核心理念是思考与表现同步，绘制构图小稿就是对这种理念最好的验证（图2-66、图2-67）。

构图小稿是非常有效的构思表达，每张小稿都会在很短时间内完成，并且无需过多考虑效果，希望学习者了解其特征，理解其价值，养成绘制构图小稿的习惯。

手绘鸟瞰图的画面结构虽然有一定的章法可循，但表现结果各异，不拘一格。不同的构图形式对不同类型的规划方案只是在画面形式上具有一定的适合度，没有绝对的规则。手绘鸟瞰图的绘制是从二维转换至三维的过程，在由设计方案生成画面的过程中，分析方案随之制定表现计划是非常重要的步骤。构图体现了对方案的结构性的总体构思，这也是手绘表现学习中需要长期积累的意识与习惯，是一种训练。

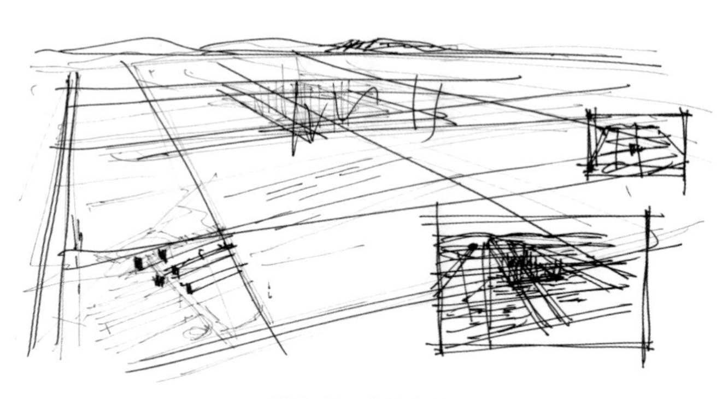

图2-66　构图小稿

图2-67　城市规划设计大型鸟瞰图

4. 透视

透视是手绘画面的基本框架（图2-68），画面中所有内容都是在透视框架基础上添加的，因此很多学习者认为透视是手绘的“根本”，甚至认为掌握了透视就等于掌握了手绘，首先要阐明这种认识是不正确的。

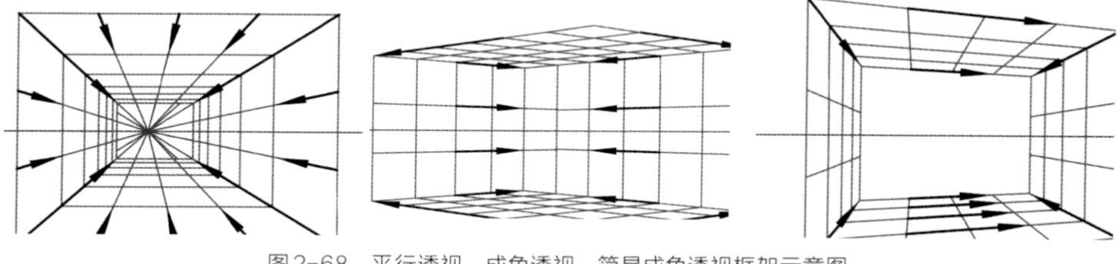

图2-68　平行透视、成角透视、简易成角透视框架示意图

透视技法确实非常重要，是画面效果的基本保障，但它并不是手绘表现的所有内容。要明确一个基本概念：手绘表现不是标准的制图。学习透视的主要目的是为了高效率地搭建符合正常视觉规律的画面框架，透视注重的是快速、灵活的运用。学习透视技法要从基本原理和求算方法入手，然后通过大量的练习把透视规律吃透，最终脱离求算，达到熟练绘制和灵活应用的目的。

鸟瞰图脱离了现实中的人的视高，加之画面场景巨大，很多人因为对其透视的望而却步而不敢绘制鸟瞰图。实际上，手绘鸟瞰图的透视是用于矫正、检验构图视觉效果的工具，也可以说只是构图的一部分，表现计划和画面结构不是由透视求算法则决定的，所以透视并不是画面生成的第一步骤。而且，手绘中透视的“容错率”是比较高的，追求的是视觉的舒适度，而不是生硬的计算。

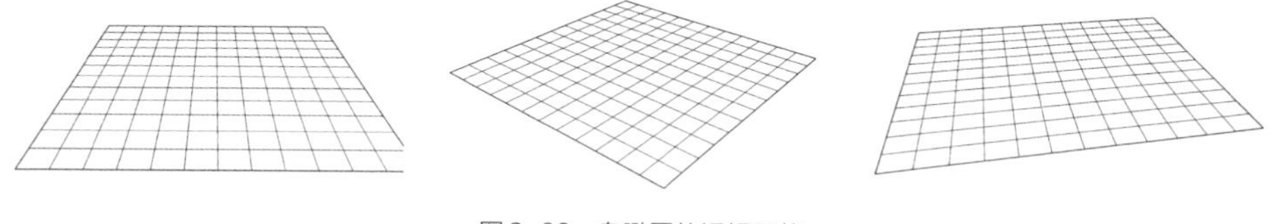

图2-69　鸟瞰图的透视网格

鸟瞰图的画面非常特殊，由于观察视角的特殊性，所有要表现的内容基本呈现为一个平面，并且全部内容位于视平线以下（图2-69）。鸟瞰图的透视是基于常用透视类型与原理基础上演变和应用的，下面我们先来逐一了解在手绘鸟瞰图表现中用到的几种透视类型。

（1）透视种类

平行透视

平行透视（亦称“一点透视”）是最基础的透视形式（图2-70、图2-71），适用最广泛，几乎包含了所有的画面类型。平行透视相较其他透视，求算简单、易于掌握，比较适合表现室内、单体建筑或小尺度景观。平行透视在鸟瞰图中的应用并不普遍，主要原因是其透视框架中包含平行线，对于场景尺度较大的鸟瞰图而言，显得有些呆板，缺乏生气和活力，也不太符合人眼视觉的真实感受，比较适合作为鸟瞰图的初期训练。应用于鸟瞰图时，主要用来表现中型或局部城市场景，通常以某个广场、水系或建筑组团为表现主轴，用平行线来表达端正的视角，烘托端庄、稳重的场景氛围，建筑与道路布局较为规整，整体画面效果趋于平稳。

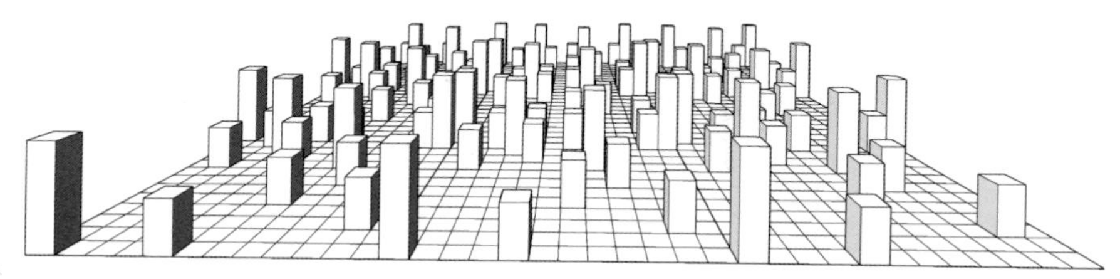

图2-70　平行透视场景示意图

图2-71　平行透视 / 创新科技园总体规划设计大型鸟瞰图

成角透视

成角透视（亦称“两点透视”）也是被普遍应用的透视形式（图2-72、图2-73），适合各类画面，特别是建筑表现，视觉效果明显强于平行透视，画面生动，真实感强。在鸟瞰图表现中，建筑密集的城市场景通常使用成角透视，表现较为全面的场景效果，属于大场景表现。利用区域内的道路、水系构建画面框架，非常符合主线构图原则。成角透视表现用于调节视域范围的夹角要大于90°，也就是要让两个消失点距离远一些。夹角过小时，会造成“透视过度”，画面近景出现“尖锐”的形态，导致画面变形。掌握成角透视并熟练应用有一定难度，主要原因是绘制步骤较为烦琐，建议从小空间手绘开始练习，积累成角透视表现经验。

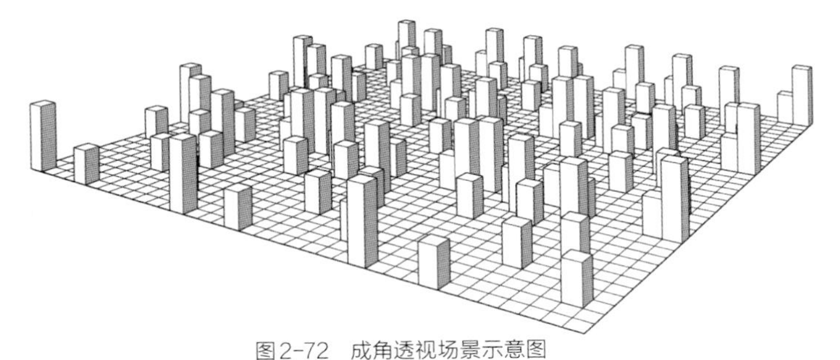

图2-72 成角透视场景示意图

图2-73 成角透视 / 城市设计大型鸟瞰图

简易成角透视

简易成角透视（亦称“一点变两点透视”）是室内、建筑、景观等设计手绘表现常用的透视形式（图2-74、图2-75），兼有平行透视和成角透视的优点，避免了平行透视的“呆板”和成角透视的“过度”，画面既稳定又生动，具有舒适的视觉效果，接近于现实体验。简易成角透视在鸟瞰图中应用非常普遍，多用于大型场景表现，最适合天际线构图。简易成角透视框架可作为“通用底板”，将各种方案置于其上进行取景与构图编排，表现效果优于成角透视，更胜于平行透视。

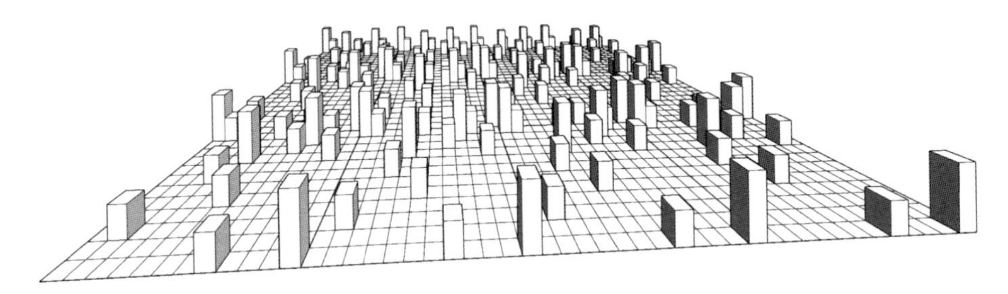

图2-74 简易成角透视场景示意图

图2-75 简易成角透视 / 滨水景观设计大型鸟瞰图

三点透视

三点透视是主要用于俯视和仰视的透视技法，所以它更适合于鸟瞰图表现，也最接近鸟瞰的真实视觉体验感（图2-76~图2-79）。

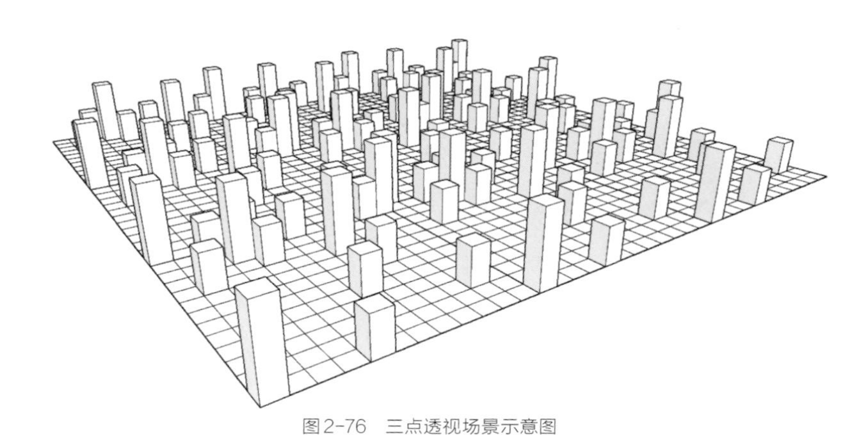

图2-76　三点透视场景示意图

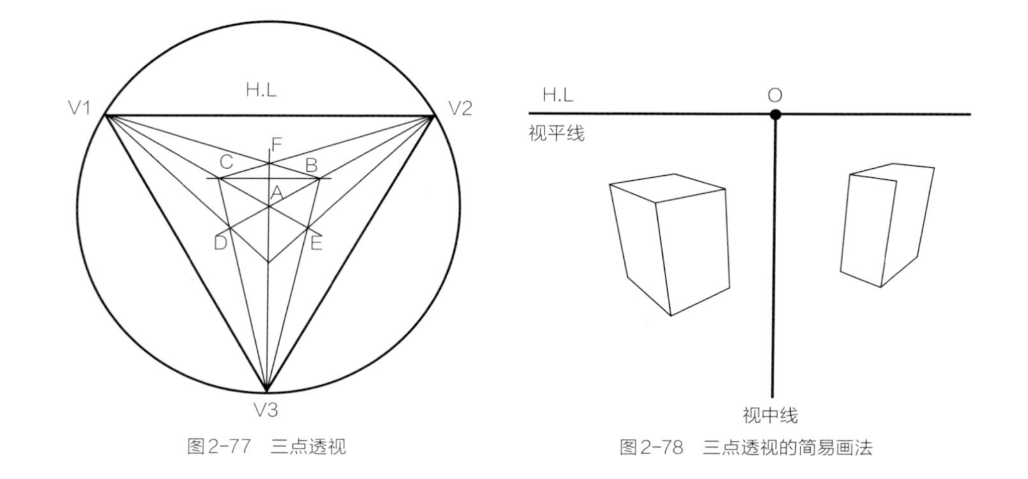

图2-77　三点透视

图2-78　三点透视的简易画法

在实际应用中，我们可以把三点透视理解为在成角透视下方增加一个消失点（亦称"灭点"）。绘制步骤与成角透视基本相同，唯一不同的是要将成角透视中所有的垂直线均引向这个消失点，使图中所有垂直体块呈"V"字变形，这样就形成了比较真实的俯瞰效果。

其实，我们可以用更加简便的方式处理这些垂直线。如图2-78所示，以视中线为分界，拟定下方消失点的大概位置，不需要实际画出来，视中线左边的垂直线上端稍微向外倾斜，指向下方拟定的消失点位置，越靠外倾斜度越大，依次类推，视中线右边的垂直线则向相反方向如此延续。需要注意的是：

- 第三个消失点应该拟定在画面比较远的位置，这样可以使垂直线的倾斜角度偏小，更适合观看。
- 画面两端尽量不要完全均等，最好是一边略"急"一边略"缓"。
- 每根垂直线的倾斜幅度都要尽量的小，切不可倾斜过度。

这是一种实战技巧，也就是常说的"假透视"，能避免烦琐的透视求算步骤，有经验的绘图者往往对这种"目测"的方法驾轻就熟。

图2-79　三点透视 / 城市规划方案设计超大型鸟瞰图局部

轴测表现模式

轴测图并不是透视图，而是一种单面投影图。它能够反映出物体三个坐标面的形状和比例关系，清晰地表达立体形态，但不具有透视的真实感，因为线与线之间的关系是相互平行的，不存在近大远小的透视特征，无法体现场景空间感。轴测图的绘制基本上是通过计算完成的，看似不可能与手绘效果表现有任何关联，但实际上，在建筑设计方案中轴测图经常作为拆解、分析空间与形态的表现图，它很适合表达体块的群组序列感和层次关系。

在图2-80~图2-82示例的小型区域鸟瞰图中，道路之间看似是平行关系，没有近大远小的透视变化，画面效果非常接近轴测图，但仔细观看就能发现建筑的透视特征：

- 所有垂直线由远至近逐渐倾倒。
- 屋顶面积由近至远逐渐缩小。
- 建筑尺度也由近至远逐渐缩小。

这种借用轴测图模式进行鸟瞰图表现的方式，在实际工作中是非常实用的。在小型鸟瞰图中，同时采用透视图和轴测图的形式特征，能够迅速构建画面，绘制出独特的鸟瞰效果（图2-82），是一条通向灵活运用透视的捷径，因此在手绘鸟瞰图手绘中，轴测图是有应用地位和价值的。但它只适合小型场景的鸟瞰表现，且多采用中心构图、对角构图混合的构图模式，外围环境要进行省略处理。

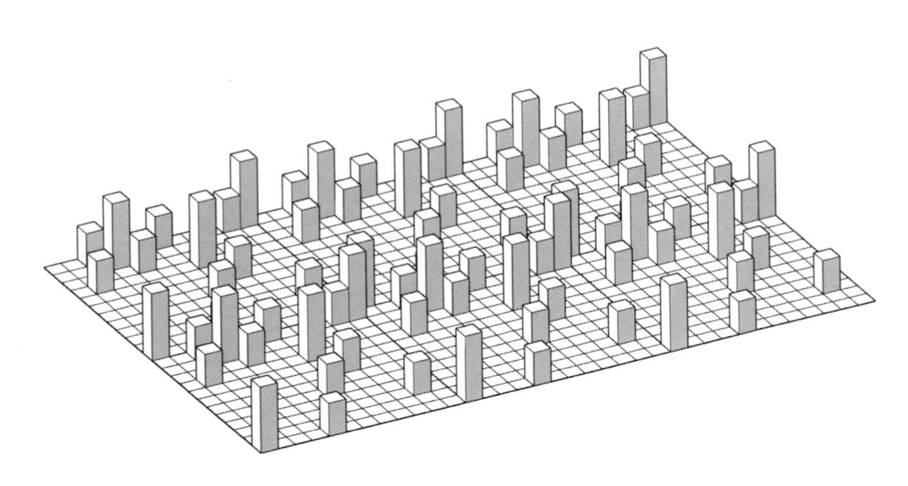

图2-80　轴测表现模式场景示意图

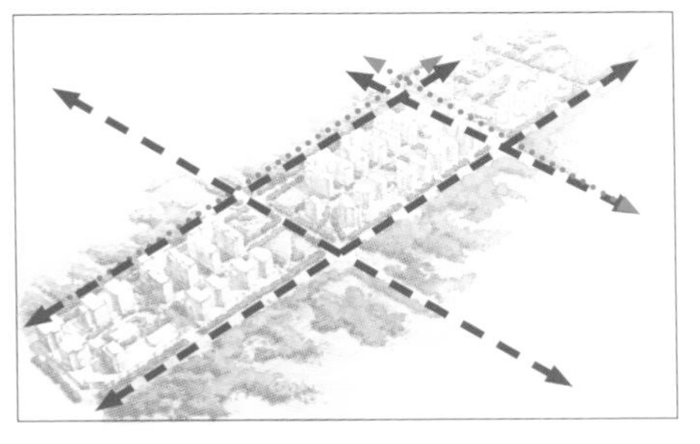

图2-81　轴测表现示意图

图2-82　轴测表现模式 / 社区规划设计中型鸟瞰图

以上我们讲解了各类手绘鸟瞰图可能用到的透视形式。对于大部分学习者来说，往往对人视点透视印象最为深刻，甚至产生对于透视的固化思维，因为多数透视教程都是以室内空间或建筑为示例的，这种固化思维需要一个转换过程。实际上，可以将鸟瞰图简化理解为“室内空间中的一个面—地面”，鸟瞰图的透视原理与人视点完全相同，甚至更加简单，只不过是场景大、表现内容多而已。真正难掌握的是如何脱离透视求算的“束缚”，熟练、快速、有效地灵活应用透视。对于绘制者来说，可能只习惯于一两种透视形式，实际上需要根据所需的画面效果熟练使用不同的透视形式。

（2）透视网格简化画法

手绘表现的速度和效率是非常重要的，我们不能将大量时间都花费在烦琐的透视求算上。在实际的手绘中，并不是每一个物体都逐一求算，实际上是以透视网格作为参照，找到物体在空间进深中的对应落位点，只要大致符合透视原则和规律即可，所以灵活地利用透视网格框架非常重要。要想实现这一点，除了需要切实地掌握透视原理外，还需要借助一些简便实用的技巧。接下来就来讲一讲透视网格的简化画法。

对角线分割法

对角线分割法是一种简单快捷的透视求算方法，可以在短时间内画出相对严谨的透视网格。

利用对角线分割法绘制平行透视网格的方法如下（图2-83）。

①首先画出虚拟的平行透视基本轮廓；

②然后画出对角线，这个交叉点就是实际空间的中心点；

③ 穿过交叉点画出水平线，即中心分割线；

④ 按此方式继续画水平线，得到四等分的进深尺度；

⑤ 每一个对角线的交叉点都是所在区域的中心点，连接这些交叉点并延长到边框，将这个平面左右均分；

⑥ 继续完善对角线；

⑦ 继续连接中心点；

⑧ 通过以上方法，可以将平面均分成16小块，形成平行透视网格。

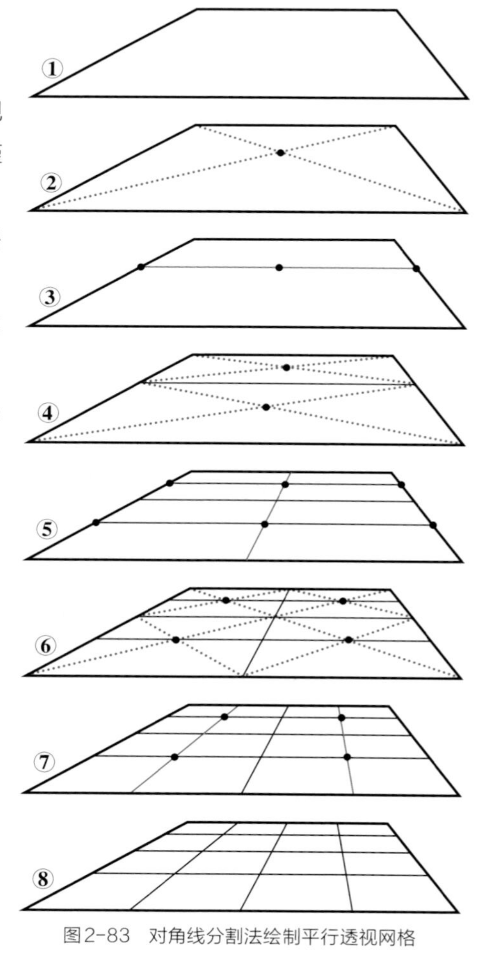

图2-83　对角线分割法绘制平行透视网格

利用对角线分割法绘制成角透视网格的方法如下（图2-84）。这个成角透视网格是建立在平行透视的虚拟平面之上的，这样画出来的透视框架不但严谨而且更简易。

① 首先画出一个平行透视的虚拟平面，用尺测量上下两边的中点并连线，按平行透视网格步骤画法虽然也能得到这个结果，但是用尺直接测量的方法更加简单；

② 画出对角线，穿过交叉点画出水平线，这样就得到了四等分的平面网格；

③ 连接四条边框的中点，得到的新的四边形就是成角透视的边框；

④ 根据已有的参考线，已经能够将这个平面均分为四份；

⑤ 继续用对角线分割四个小的部分，得到四个新的中心点；

⑥ 依次连接交叉点并延长到边框；

⑦ 最终得到的就是均分成16块的成角透视的空间网格。

对角线分割法虽然是简化画法，但得到的透视网格是相对严谨的，具体的网格数量还可以根据实际的需要继续细分，在实际手绘中非常实用。这种方法适用于初学者，需要一定的步骤和过程，而且透视网格不能自由变换，但初学者不必急于求成，在这个阶段主要培养对透视网格的熟悉度。

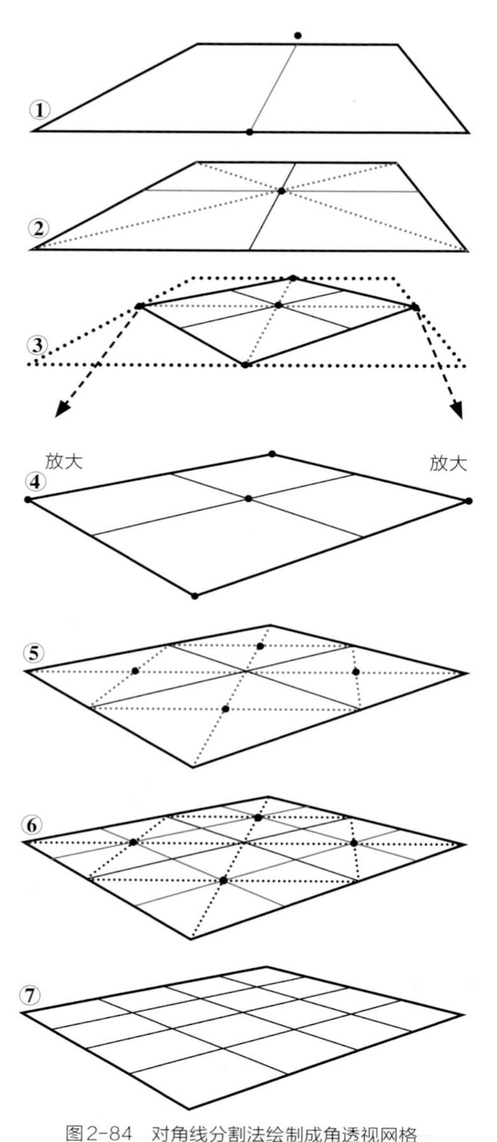

图2-84　对角线分割法绘制成角透视网格

“十字”框架锁定法

“十字”框架锁定法（图2-85、图2-86）是简约到极致的透视框架简化画法，适合较小的场景。可以提取平面图中的主要元素，如道路或桥梁进行任意组合，不需要精确的垂直关系道路和桥梁是否贯穿画面都没有关系，初学者可以大胆地在小场景中尝试这种方法，迅速地提高熟练度，树立自信心（图2-87）。

具体的画法是在纸面上绘制十字，以此代替平行透视或成角透视的主轴，即为透视框架打个草稿，以这个十字为基准，迅速构建透视网格。

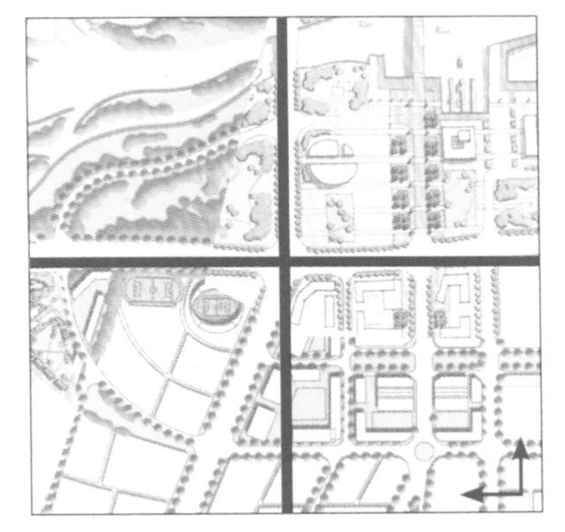

图2-85 “十字”框架锁定法

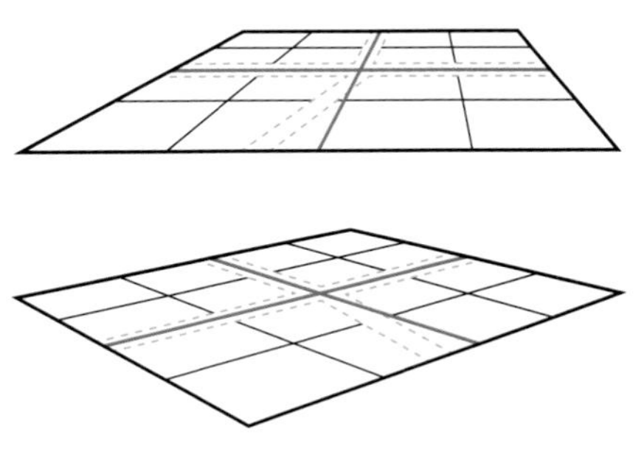

图2-86 “十字”框架锁定法

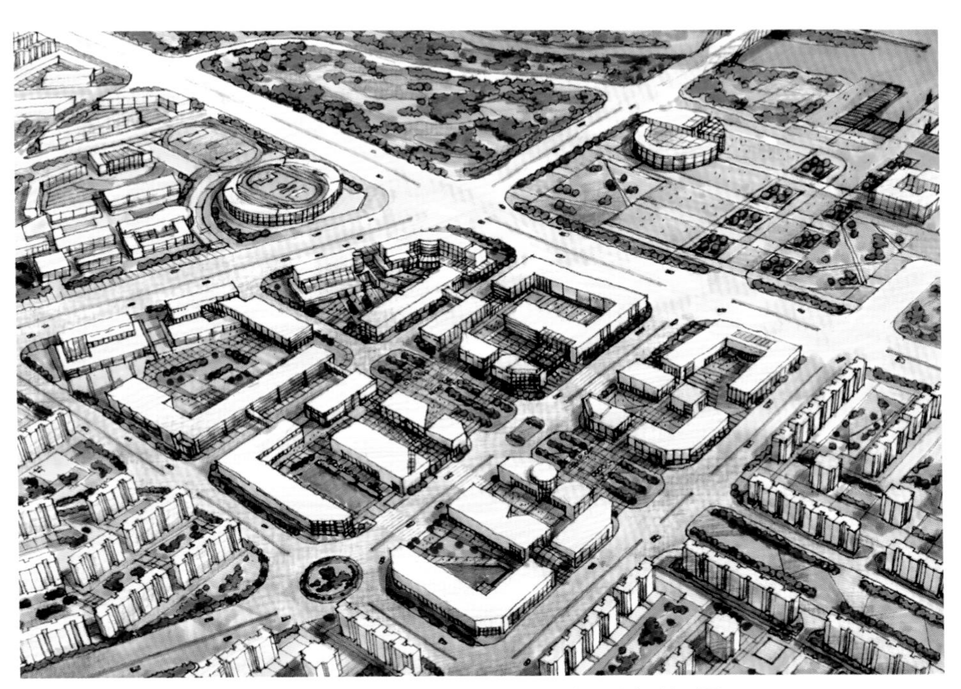

图2-87 “十字”框架锁定法 / 社区规划设计中型鸟瞰图

区域深化分割法

区域深化分割法适合处理较大场景，利用道路灵活地将画面分割为小块区域，再逐步深入完成整个画面（图2-88、图2-89）。区域深化分割法已经基本脱离了透视求算，绘制者通过手眼脑的配合，直接手绘出空间界面的框架，这是手绘训练中飞跃性的进步。手绘的训练与提高其本质就是建立立体形象思维框架，并将其绘制在纸面上。

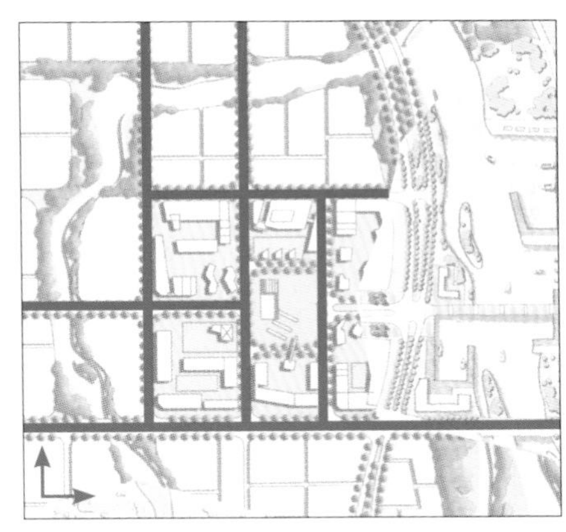

图2-88 区域深化分割

图2-89 区域深化分割法 / 社区规划设计中型鸟瞰图

（3）徒手绘制透视网格

为了提高表现速度和效率，更加快速地在起稿阶段建立鸟瞰图的场景框架，可以尝试徒手勾描透视网格，只要遵循“近大远小”的基本原则，保证画面不出现明显的视觉矛盾即可，不必严格遵照透视步骤和算法。

透视网格徒手快画法

在构建透视网格时，可以虚拟一个透视形式的消失点VP（Vanishing Point），然后徒手勾勒出简单的透视框架，确立基本的透视网格（图2-90）。透视网格的作用是为表现内容提供基本位置和体量尺度的参照，能够减少求算，提高手绘表现的速度和效率，因此不需要特别精确。

透视消失点大都在画面之外，初学者可以在纸张所在的画板或桌面上标注定位，再用长尺对点连线辅助练习；熟练后就可以直接虚拟一个大致的消失点方位，靠目测徒手绘制。注意不要把平行透视的消失点定在画面正中心，成角透视和简易成角透视的画面也不要放在正中间，因为左右对称的格局应用并不普遍，还很容易使初学者形成固化的思维，要尽量避免。其次，成角透视和简易成角透视的两个消失点都在视平线上，要保持水平关系，不要错位，可以使用长尺辅助，也可以用纸张的边缘做平行参照。

强化透视进深

徒手快速构建透视网格时要有意识地强化透视的进深，划分网格时应该由近至远逐渐变小，形成明显的疏密渐变，这样形成的空间效果更加深远，更具感染力。另一种画法是先画天际线（图2-91），在纸张的上方预留1/6高度作为天空，透视网格可适当“压扁”，越接近天际线的网格越趋于水平，以配合加强空间景深效果的表达，同时还能起到稳定画面的作用。

在成角透视和简易成角透视中，很多学习者误认为强化透视进深是靠缩小两个消失点之间的距离，认为视角范围越窄越有透视感。其实这样的画面效果与现实体验相差甚远，无法创造良好的视觉感受，并且画面可容纳的内容也有限，违背了鸟瞰图表现的初衷。

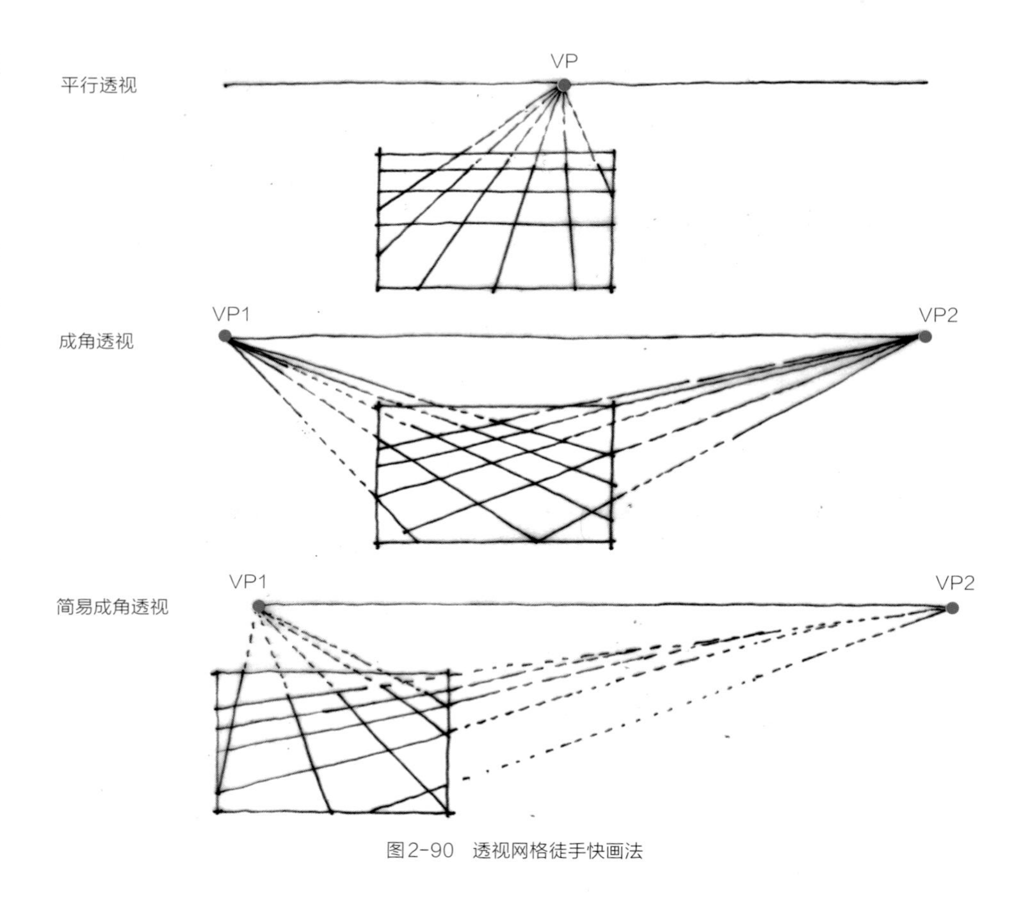

图2-90　透视网格徒手快画法

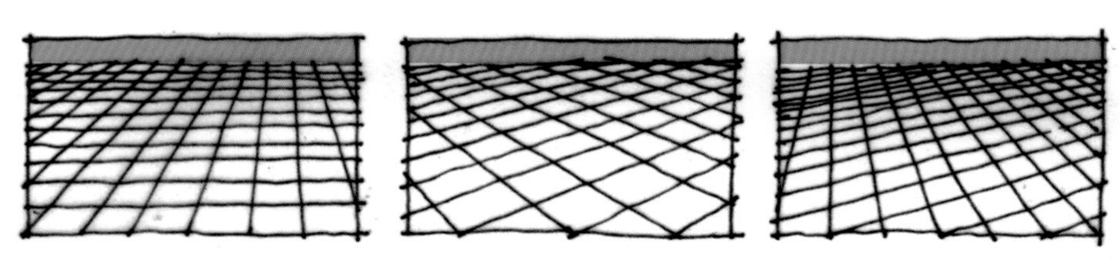

图2-91　透视进深

（4）透视的消隐

透视网格的作用是为了尽量减少求算，从而大幅提高速度和效率，是摆脱透视束缚，走向自由表现的开始和基础。它锻炼的是对透视求算更放松的心态及控制画面的自信心。

随着训练的积累，对进深尺度和位置关系的把控更加熟练后，大家也许会发现自己制定的网格尺度越来越大了。有经验的手绘表现者能够运用平面图中的道路、桥梁、山脉、河流等元素进行快速的场景构建，比借助构图小稿更快速，完全凭目测感觉快速成图（图2-92~图2-95）。

我们最终想要达到的是脱离透视网格的辅助，甚至完全脱离求算。这时，透视并没有消失，而是融入了思考与表现之中，画者已经具备了空间场景的想象能力，也就是通常说的“凭感觉画透视”，这当然是最佳状态，是每一个学习者都期望达到的境界。达到这个过程需要大量的训练和强化，这是手绘学习的必经之路。

图2-92 总平面图

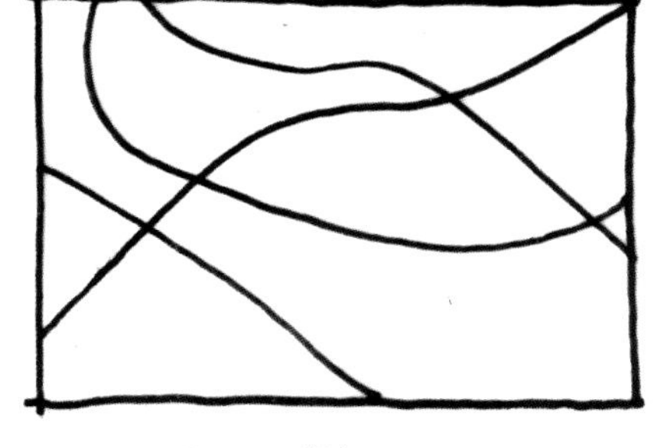

图2-93 视角一

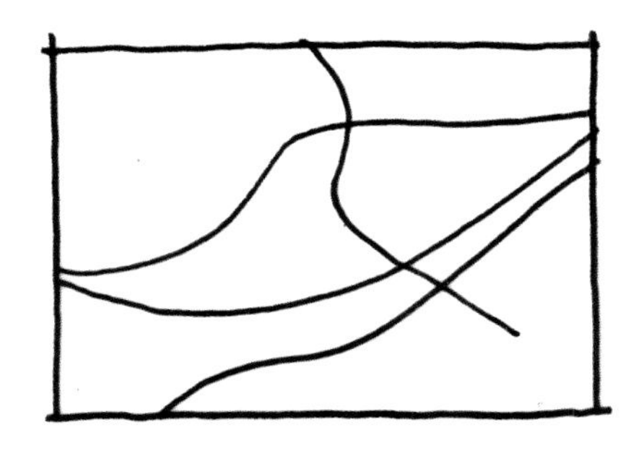

图2-94 视角二

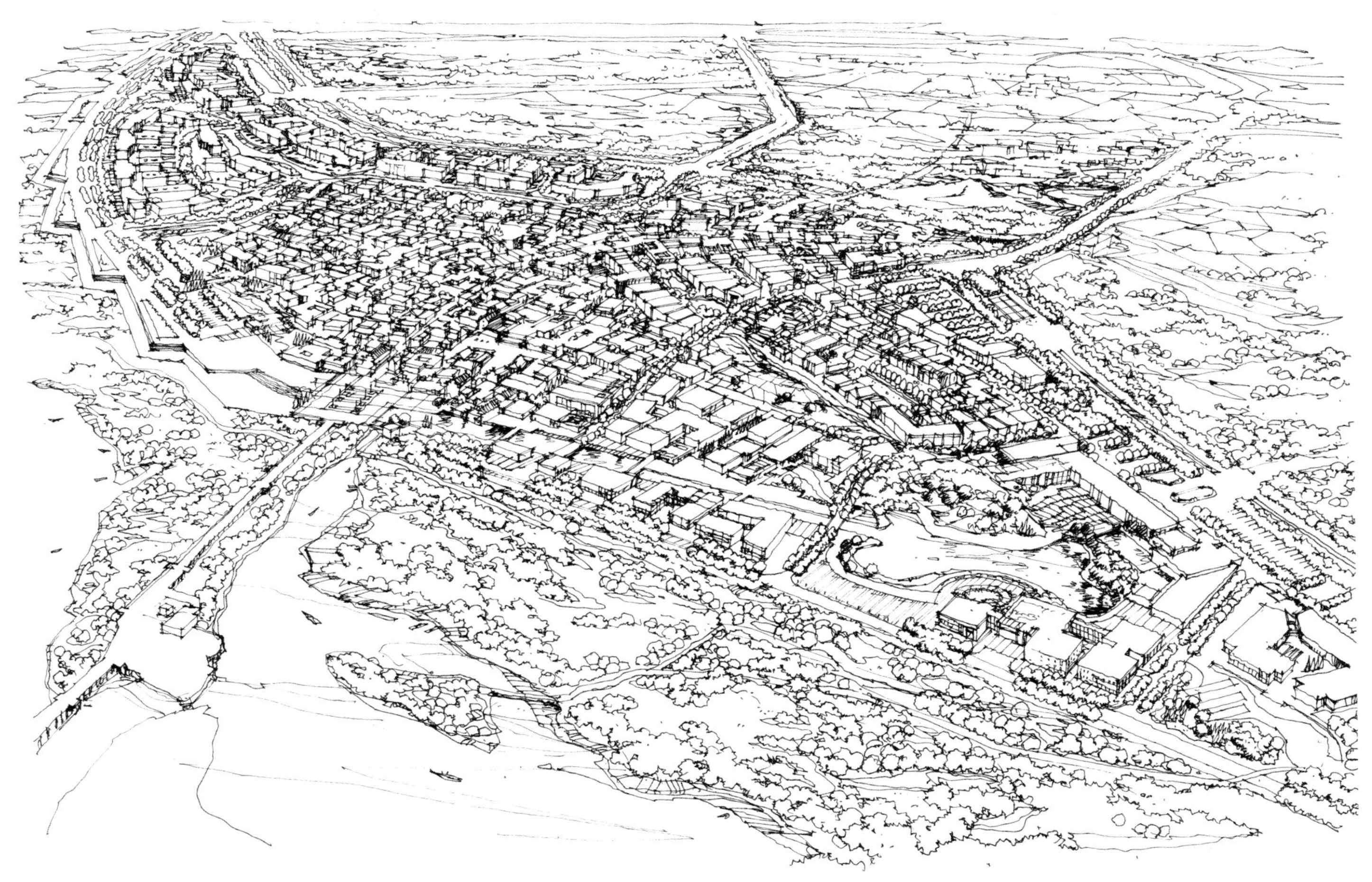

图2-95 视角一 / 城市规划设计大型鸟瞰图线稿（绘图笔）

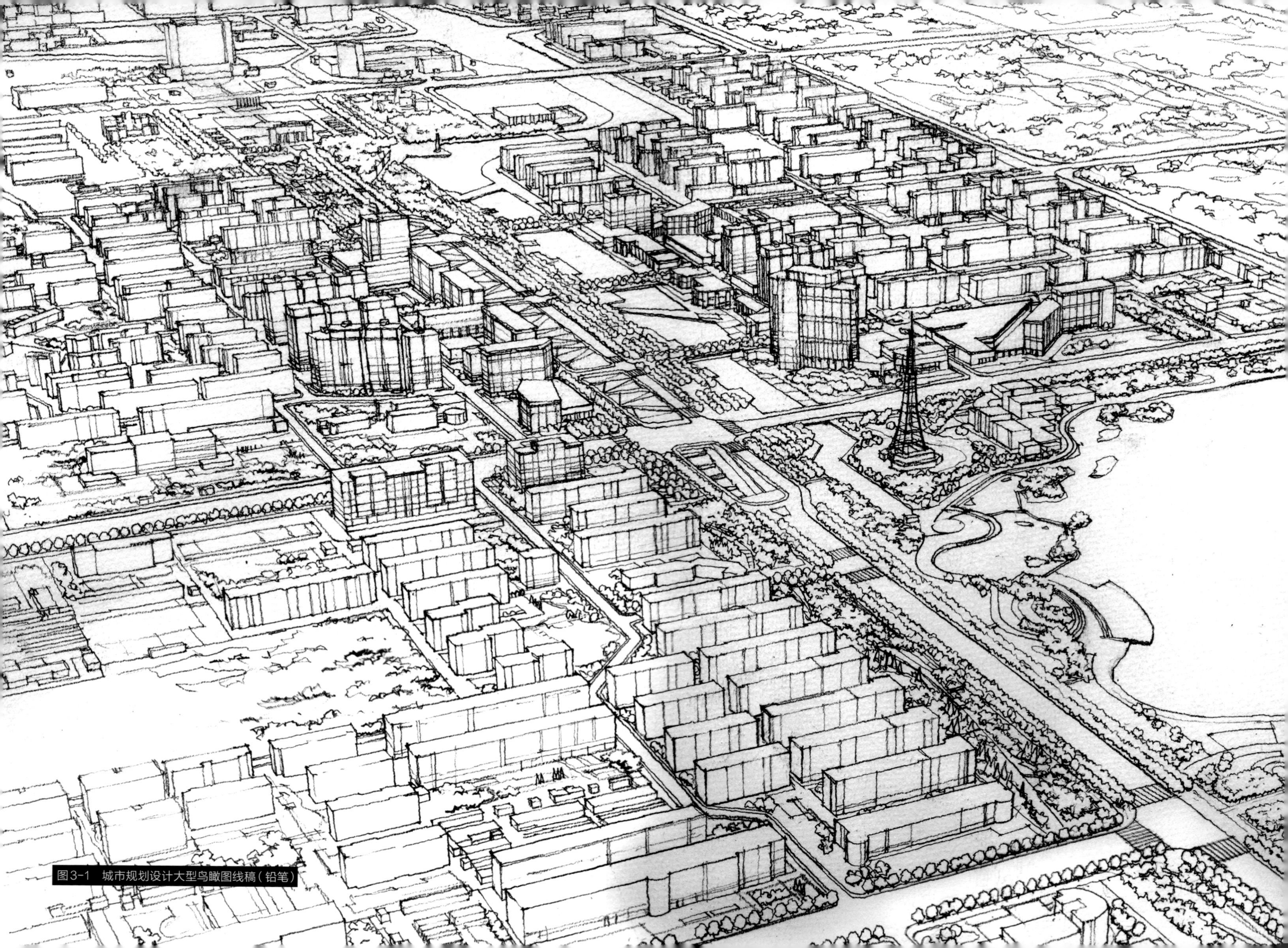

图3-1　城市规划设计大型鸟瞰图线稿（铅笔）

第3章

手绘鸟瞰图线稿

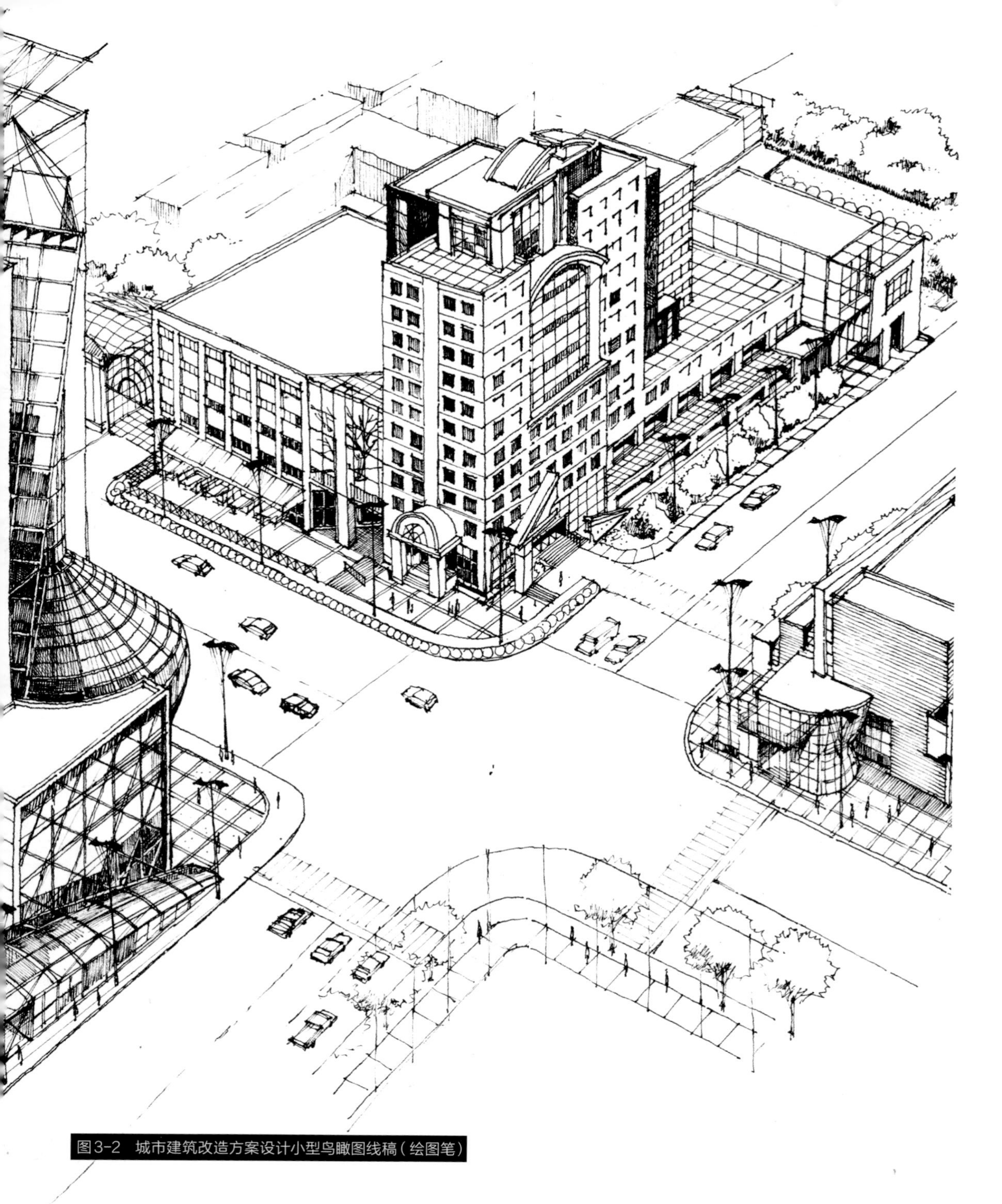
图3-2　城市建筑改造方案设计小型鸟瞰图线稿（绘图笔）

鸟瞰图手绘表现可以分成绘制线稿和上色两大步骤，线稿所占的比重非常大，特别是正式的鸟瞰效果图，线稿的优劣决定了画面最终效果。取景是否完整、构图是否合理、透视是否舒适都体现于线稿。线稿的密集线条也构成画面密度、节奏效果，形成绘画的美感。

鸟瞰效果图的手绘线稿应该清新、细致、严谨且丰富，风格应该是温和、中性的，以适合多种着色表现形式，并为着色留有表现余地。因此一般以勾线的形式来表现，不作光影描绘。绘制鸟瞰图时，在表达方案内容的同时，需要对画面中线条的疏密做一定的组织计划。绘制线稿的时间成本较高，大约占据整张图绘制70%的时间。

1. 线稿类型与工具

手绘鸟瞰图线稿的绘制工具主要是铅笔和绘图笔。

铅笔线稿　铅笔是正式鸟瞰效果图线稿的首选工具（图3-1），可以自由变换线条的粗细、深浅，既可以勾勒大轮廓，又可以以素描形式细致、深入地刻画局部内容，表现出张弛有度的画面效果，并且能有效适应后期多种着色方式，适合各种尺寸和类型的画面需要。

绘图笔线稿　与铅笔相比，绘图笔的线稿明确、肯定，线条洒脱自如、硬朗鲜明，但不易修改，需要在草稿基础上描绘。绘制时要小心谨慎，一般称绘图笔绘制的线稿为“墨线稿”，意指定稿不再做修改的线稿。绘图笔比较适合快速表现和较小尺度的鸟瞰图（图3-2），能够充分发挥其线条的优势和特色。

电脑绘制线稿　在实际工作中，手绘表现也可以用数位屏、手绘平板等电子设备完成。随着近几年的硬件和软件快速发展，电脑绘制线稿变得更便捷，效果更逼真，完全能够画出近似于手绘表现的效果（图3-3）。电脑绘制最大的优势是便于修改、储存和输出，对于有手绘基础的设计师来说是非常实用和有效的。

工具的选择主要由绘画者的习惯和喜好决定，并没有特定的要求和规定。

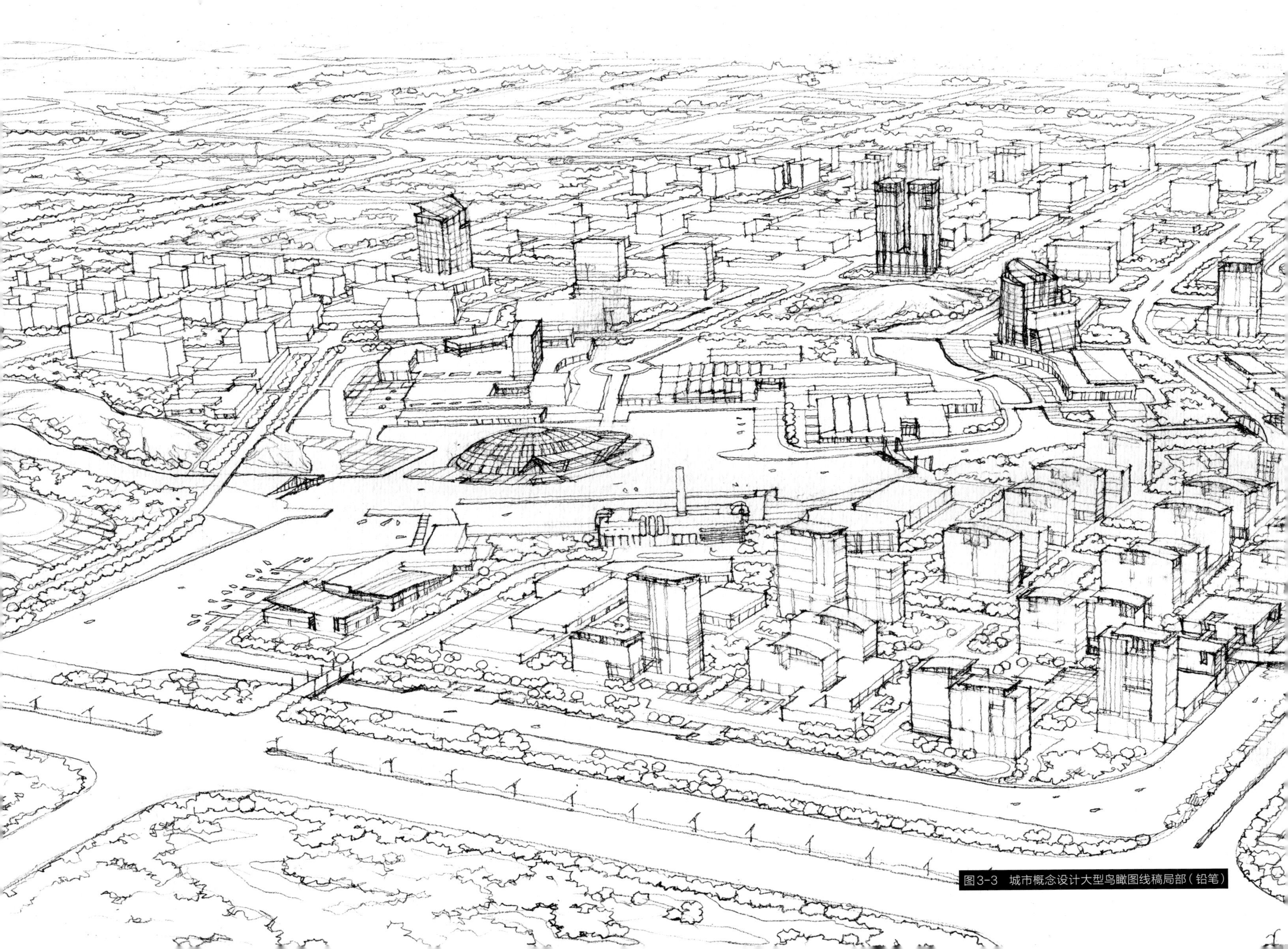
图3-3　城市概念设计大型鸟瞰图线稿局部（铅笔）

(1) 铅笔线稿

绘制鸟瞰图可用的铅笔包括绘图铅笔（图3-4）与自动铅笔（图3-5）。绘图铅笔是手绘画线最常用的工具之一，主要用于绘制草稿和水彩表现的线稿，在鸟瞰图手绘表现中建议大家使用2B～4B型号。自动铅笔一般不作为正规的手绘表现工具，但其实它很实用，特别是在内容较丰富的效果图线稿绘制中，它具有细节刻画的优势，同时也能体现出铅笔的品质特色，甚至能画出独特的风格。建议大家选用铅芯型号为0.7mm的设计专用自动铅笔，也可以采用2.0mm的自动铅笔，它们与标准绘图铅笔的表现效果较为一致（图3-6、图3-7）。

绘图铅笔绘制的线稿柔中带刚，突出体现线条粗细、轻重以及软硬的灵活变化，轻松、柔和且质感明显，节奏变化丰富，有“飘忽感”。铅笔线稿可以有意体现适度的粗犷气质而不刻意表达精致细腻，最适合作为水彩表现的底稿，可以将部分轮廓细节留给水彩塑造。

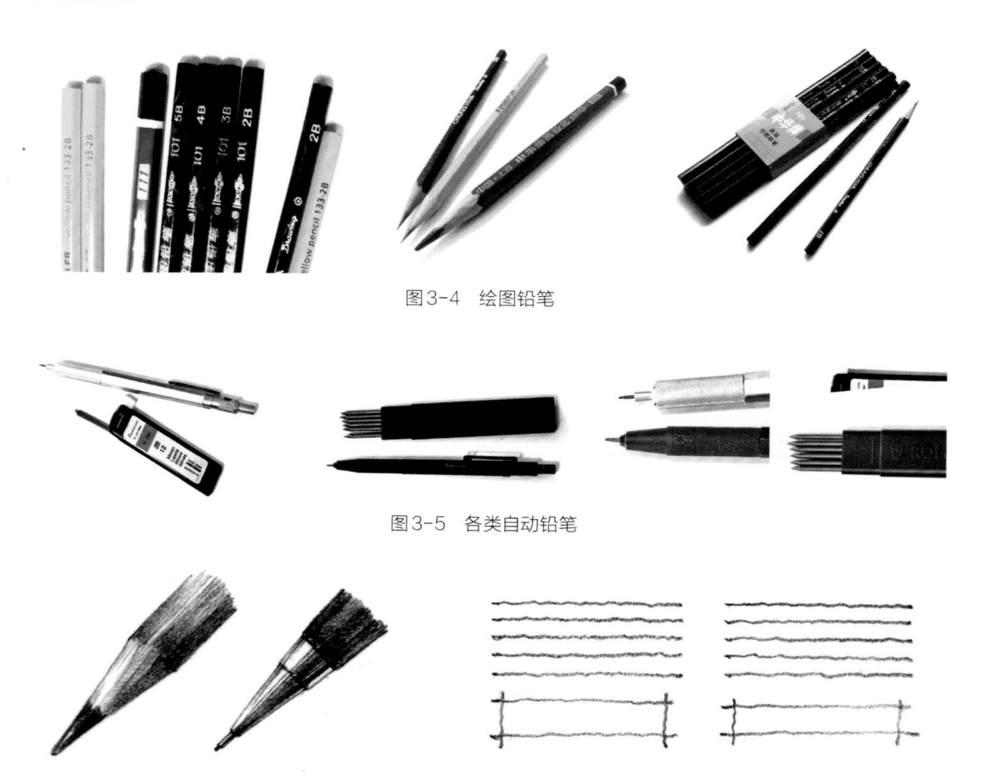

图3-4 绘图铅笔

图3-5 各类自动铅笔

图3-6 铅笔与自动铅笔的笔尖对比

图3-7 铅笔（左）与自动铅笔（右）表现效果对比

自动铅笔绘制的线稿相对平稳，不急不缓，擅长密集线条的表现，所画线条比较细腻、均匀，笔触也比绘图铅笔更明确、肯定，整体画面效果清晰自然。使用自动铅笔时初学者无需追求与绘图铅笔一样的效果，也不用刻意展现轻重缓急的线条变化，在表现过程中会“自动流露”铅笔的特性。当然，熟练的绘制者会通过有意控制用笔力度来让其更进一步体现铅笔气质。

初学者往往喜欢自动铅笔，因为它易于上手，好控制，而且更省事。但实际上应该先从普通绘图铅笔开始，感受铅笔特殊的表现质感，经过一段时期的积累后，会自然而然形成使用铅笔的“手感”，而后再逐步使用自动铅笔。

铅笔线稿表现要领

铅笔线稿的线条以“慢线”形式为宜（蝌蚪线），线条本身具有绘画美感和观赏性，使画面总体视觉效果清雅、平稳。运线原则是尽量一气呵成，在过程中可以偶尔停顿和断开，适当增加线条自身节奏美感。

不要在端点、交接处和外轮廓处形成断开。特别是建筑边角的处理，线条应该相互交叉而不要断开，这样可以有效增强体块的形态感和“硬度”效果（图3-8）。

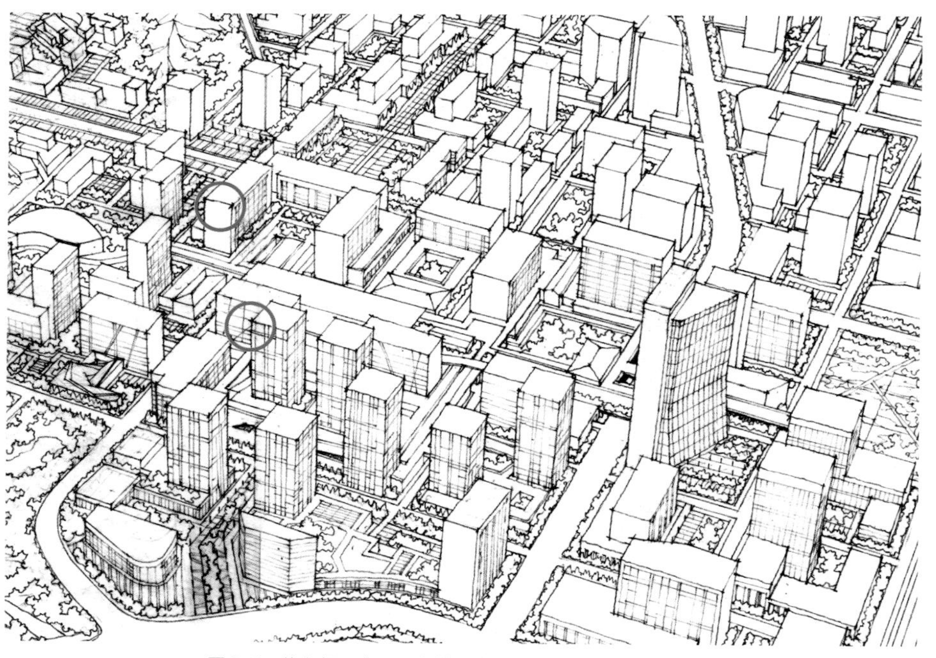

图3-8 线条相互交叉可以增强体块的形态感和“硬度”效果

建筑外轮廓的线条要适度加粗勾描（图3-9），可以有效减轻建筑体块之间的相互“粘合”，明确建筑个体的形体特征，强化立体感和空间感。这种“勾边”技法还可以应用于建筑组团，或将相连紧密的多个建筑作为一个整体来勾描外轮廓线，以清晰表达区块关系，加大场景空间层次效果。

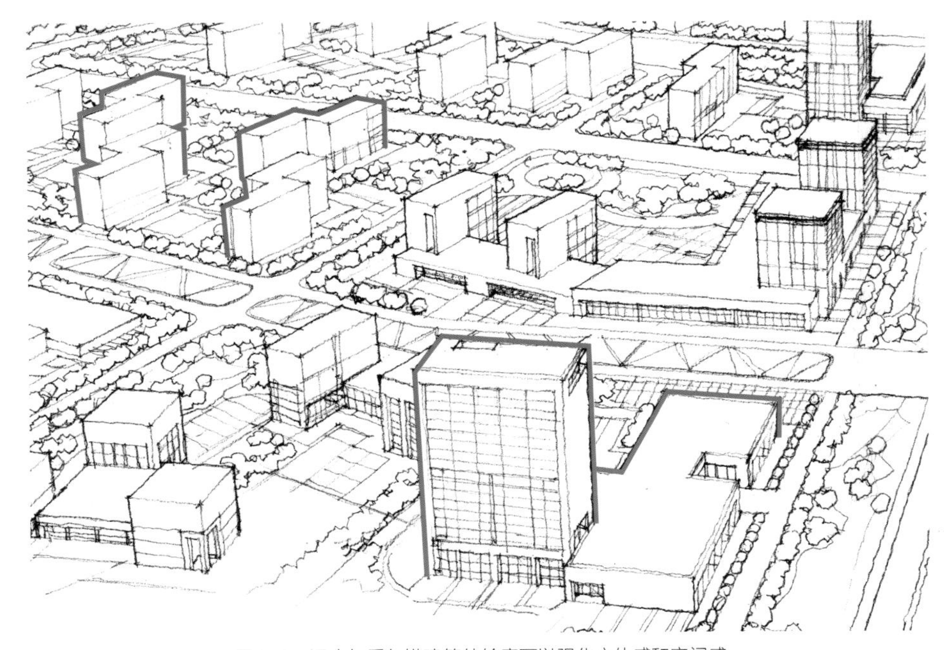

图3-9　适度加重勾描建筑外轮廓可以强化立体感和空间感

在画建筑窗体、地面铺装等内容的时候，线条密集重复，应发挥铅笔的优势，进行强弱虚实区分，甚至适度地省略，不要过于均匀，基本原则是建筑“上实下虚”，地面“外实内虚”（图3-10）。

铅笔的优点是易于修改，但是在绘制过程中也要尽量一次成型。涂改不仅污损画面和纸张，给后期着色带来影响，更容易扰乱思路，产生焦躁情绪。在绘图时，手臂很容易蹭脏铅笔线稿，应在手臂下铺垫一张空白拷贝纸或硫酸纸，这种半透明的纸张可以在保护画面的同时看到下方的内容。

线稿完成后，可以对局部进行适度的弱化处理。用可塑橡皮在需要弱化的部分轻轻点擦，这是素描绘画中的常用方法，在鸟瞰图线稿上一样有效。将远景位置的线条淡化处理，可以有效地调节画面整体的虚实强弱（图3-11）。

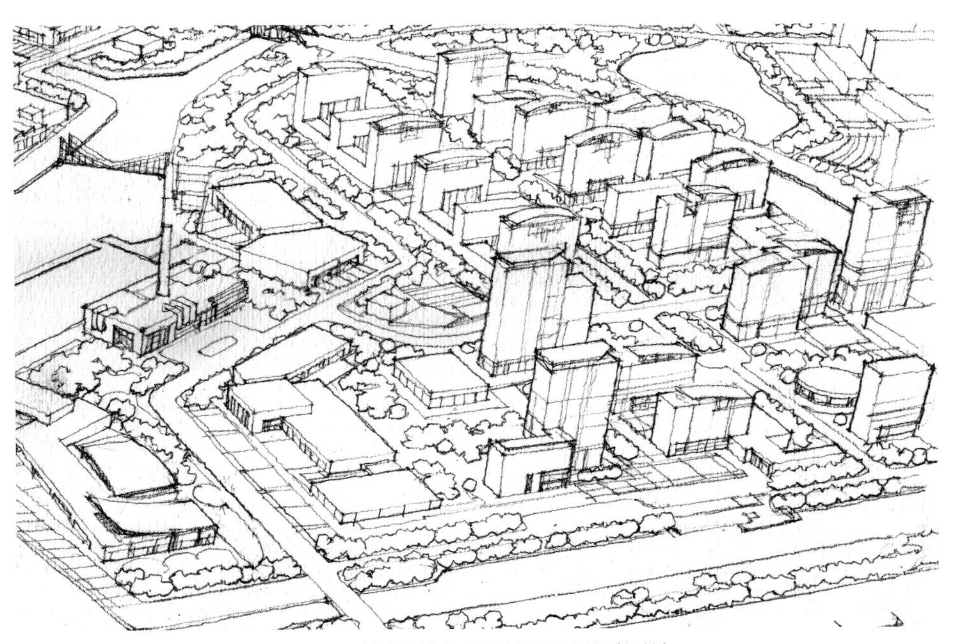

图3-10　城市设计大型鸟瞰图线稿局部（铅笔）

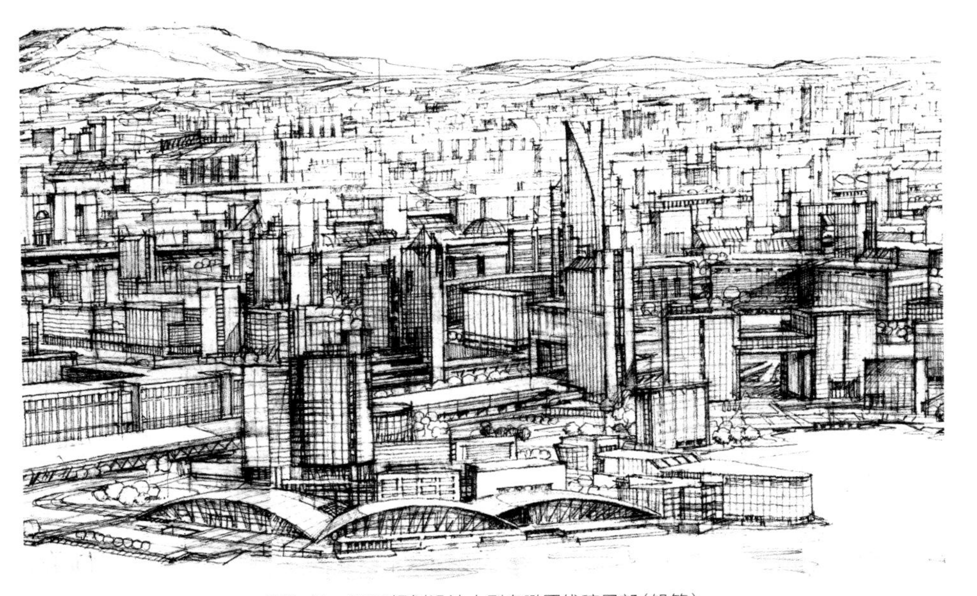

图3-11　CBD规划设计大型鸟瞰图线稿局部（铅笔）

（2）绘图笔线稿

绘图笔是专门用于制图的工具，有不同的粗细型号（图3-12）。很多初学者认为笔头越细越好，选用0.2mm、0.1mm，甚至是0.05mm。这是一个误区，过于纤细的线条缺乏力度和质感，很难体现手绘特有的表现力和效果。建议大家选用较粗一些的型号，如0.3mm、0.5mm和0.8mm。

图3-12　绘图笔

绘图笔线条粗细一致，整体色调统一，具有清晰的边缘轮廓，线稿比较硬朗，采用任何着色形式都比较省力。在实际画面绘制中，线条感“快”和“硬”是绘图笔最典型的特征（图3-13）。放慢速度绘制时也能表现亲和的感觉，在手绘鸟瞰图表现地面与远山的时候常常用到这种慢速的绘制方法。此外，线条的交叉、出头和明确的起笔收笔同样也是绘图笔重要的技法形式（图3-14）。

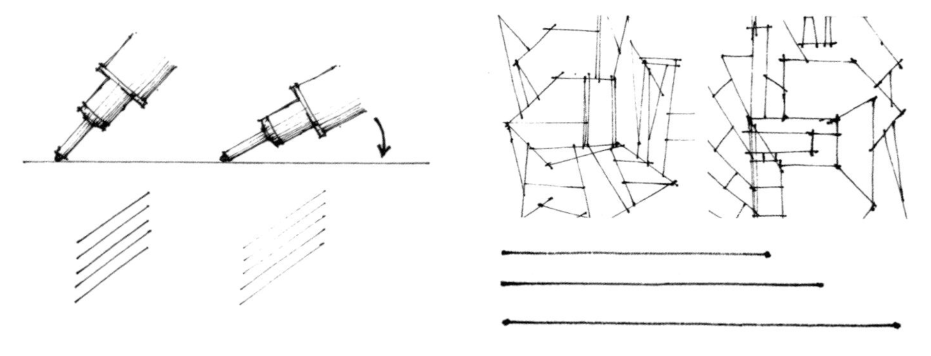

图3-13　绘图笔的粗细画法

图3-14　线条的交叉、出头和明确的起笔收笔

绘图笔线稿表现要领

绘图笔在草图和快速表现中的笔法风格是追求刚性和硬度，快速运笔使线条呈现短促、锐利的效果，有时还会加上光影表现。但在绘制手绘鸟瞰图的线稿时，虽然速度略快于铅笔，但表现风格则趋于平缓、松弛，运线均匀，且不画光影，所表现出的墨线稿效果平稳而丰富。

对建筑体块和区域也不做勾边处理，但比较强调线条之间的闭合，并且会交叉出头，尽量不留空隙（图3-15）。

绘图笔线稿注重线条密度的处理，对于建筑立面以及地面铺装等线条密集且有秩序的部分，基本不做省略处理。特别是画面主体内容部分，应尽量加强线条的密集感和排列的秩序感，以此来强调主体部分在画面中的视觉核心地位。

绘图笔无法靠用笔力度控制线条的粗细与虚实，主要通过对表现内容的刻画程度区分不同景深的层次关系。以近景为核心内容的画面，由近至远逐渐减弱细节表现，主要体现于建筑立面、景观种植和配景内容的刻画精细程度；以中景为核心内容的画面，刻画精细程度的次序则变为中景、近景、远景；一般远景表现最为概括，多以很“扁”的梯形和平行四边形表现农田作为内容填充。

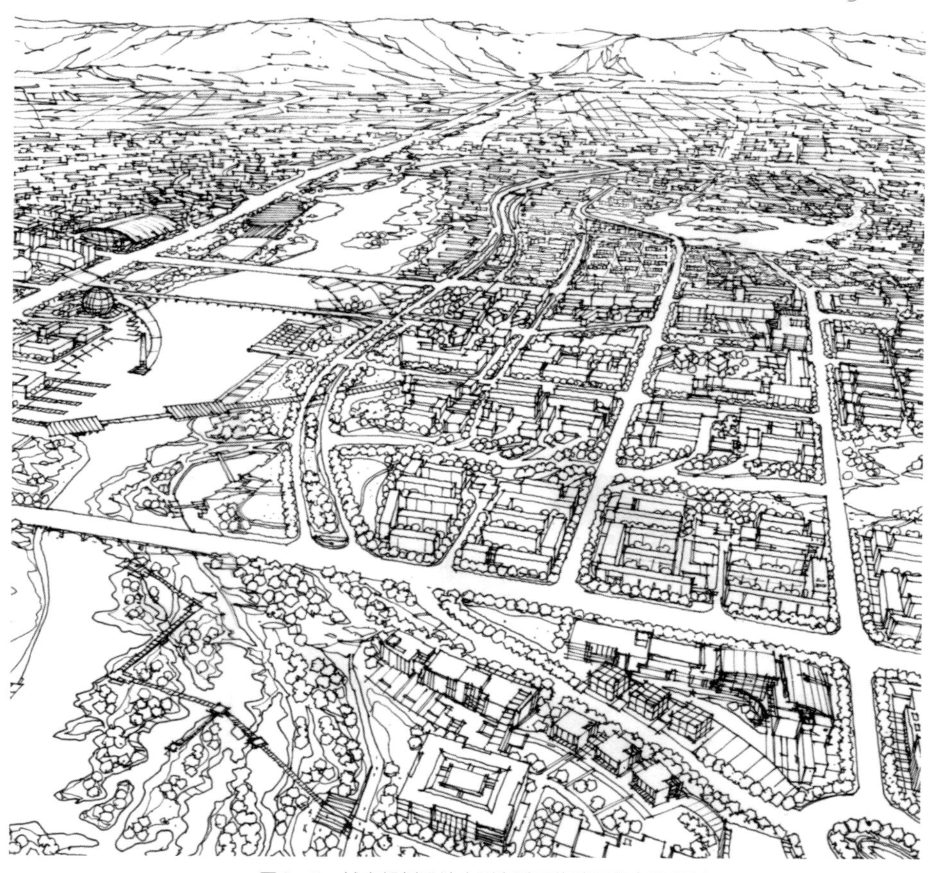

图3-15　城市规划设计大型鸟瞰图线稿局部（绘图笔）

在实际操作中，绘图笔线稿所花费的时间一般大于铅笔线稿，这与运笔速度无关，而是因为不能随意涂改，绘制状态会更加谨慎。细微的修改可以用刀片轻轻刮除，尽量不使用修正液和修正带。当然，在绘制正式线稿之前最好先画草稿（图3-16~图3-19）。

绘图笔绘制鸟瞰图并不突出自身笔法风格，追求个性化的绘画效果，那样会使画面显得杂乱。因为鸟瞰图画面内容较多，而绘图笔不能像铅笔那样控制轻重虚实，并且无法在后期进行修改和调整，因此保持平稳有序的线条更有利于画面整体效果的控制，也能为着色保留充足的余地。此外，没有绘画基础的初学者，绘图笔也比铅笔更容易掌握。

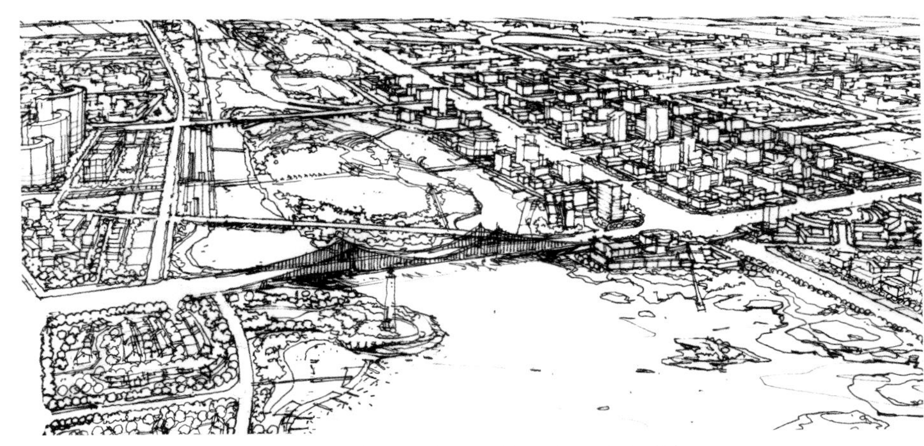

图3-16　滨水景观设计大型鸟瞰图草稿（绘图笔）

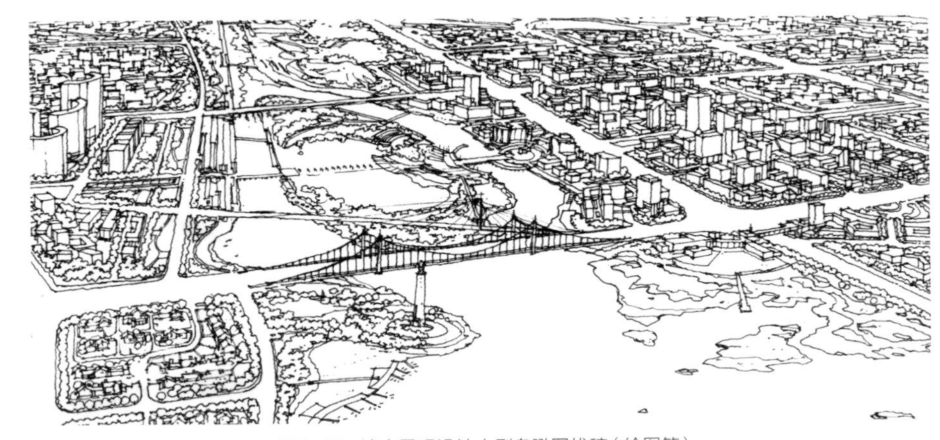

图3-17　滨水景观设计大型鸟瞰图线稿（绘图笔）

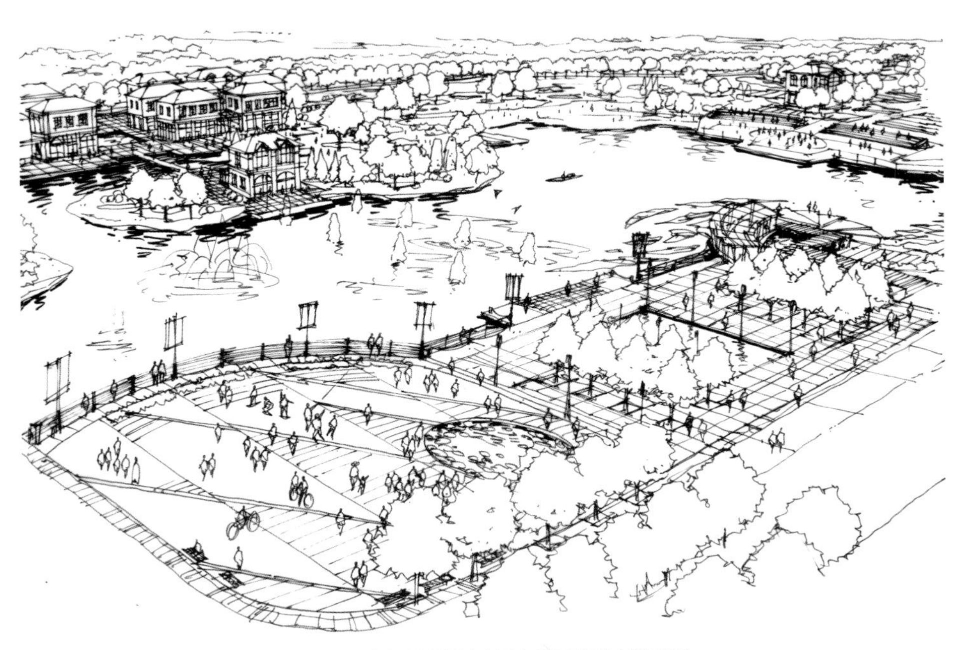

图3-18　广场景观设计小型鸟瞰图草稿（绘图笔）

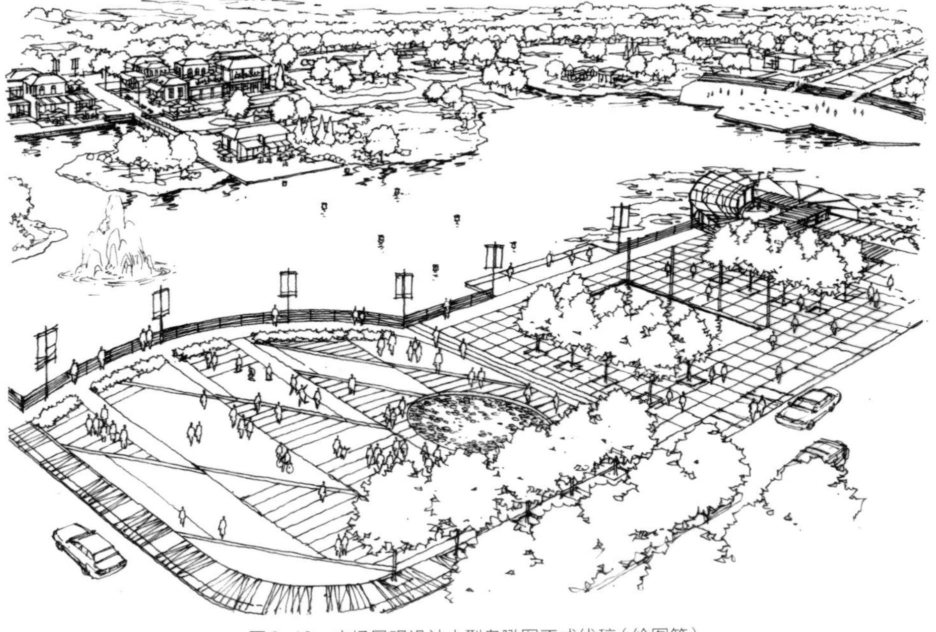

图3-19　广场景观设计小型鸟瞰图正式线稿（绘图笔）

（3）线稿用纸

对于不同的表现需求和不同的表现阶段，鸟瞰图线稿所使用的纸张也有区别，下面我们来介绍一下常用的几类纸张。

绘图纸

绘图纸（图3-20）是专业绘图用纸，有不同的尺寸和厚度，质地紧密而强韧，不易磨损。常用规格为80~120克，适合各种画线工具，特别是绘图笔，也是彩色铅笔和马克笔的着色用纸，适用于鸟瞰图的草稿、线稿和着色等多个环节。

硫酸纸（制版转印纸）

硫酸纸（图3-21）是半透明的纸张，是线稿拓图的常用纸张，画图时不需要专业的拷贝台，非常便利。可以用于草稿、线稿等各个环节，适合绘图笔和马克笔（及其他特殊着色）。硫酸纸的表面比较光滑，运线有少许难度，需要适应。常用规格为85~90克，这种厚度不易卷边，透明度也非常好。

拷贝纸（草图纸）

拷贝纸（图3-22）是手绘草图的专用纸张，也称为“草图纸”。拷贝纸轻薄透明，适合各种绘图工具，特别是铅笔。但因容易破损所以不适合过度涂改，也不宜长期保存。在鸟瞰图表现中主要用于绘制草稿。

图3-20　绘图纸

图3-21　硫酸纸（制版转印纸）

图3-22　拷贝纸（草图纸）

复印纸

复印纸是最常见的办公室用纸（图3-23），在手绘表现中常用来绘制草图。常用规格为80克，这种厚度的复印纸质地光滑，适合铅笔、绘图笔和双头笔等多种绘图笔，且不易磨损，用橡皮涂改也不会有很大的影响，非常实用。复印纸质地轻微透亮，也可在拷贝台上进行拓图描线，适合学习者的日常练习。鸟瞰图手绘有时也会用复印纸绘制正式线稿（图3-24、图3-25），以A3幅面为主，大多为中小型鸟瞰。复印纸还可以作为彩色铅笔的着色用纸，建议使用80克以内且表面略微粗糙的类型，着色时不会掉粉，便于保存。

图3-23 复印纸

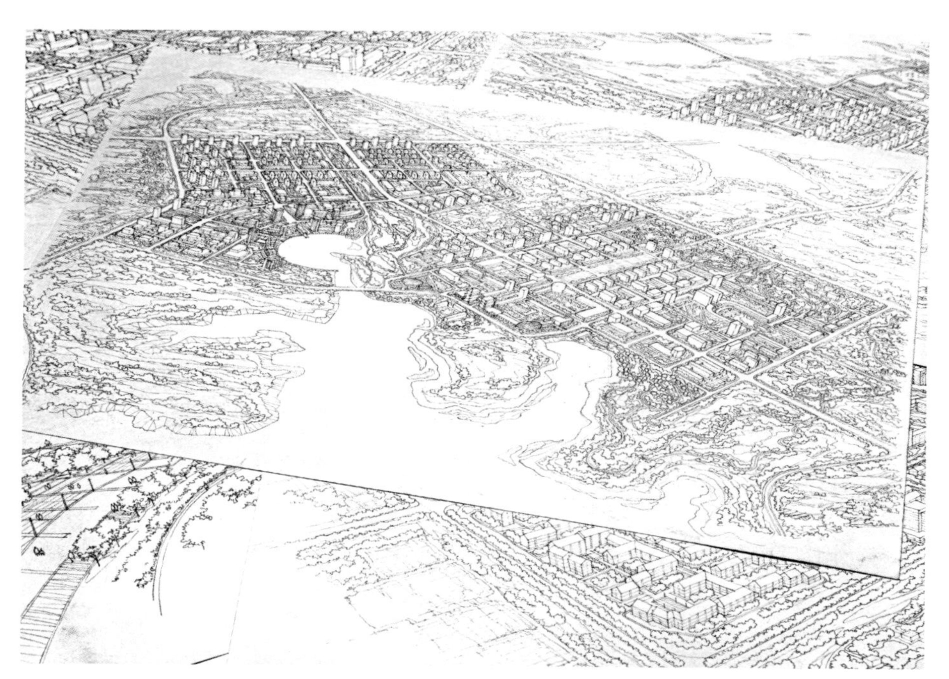

图3-24　鸟瞰图线稿（复印纸）

图3-25　铅笔手绘线稿（复印纸）

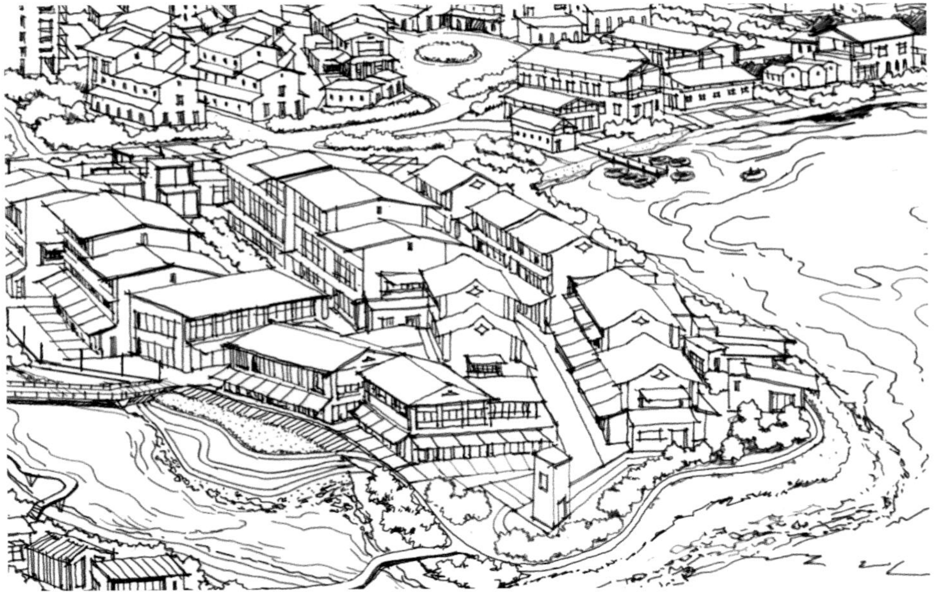

图3-26　数位屏手绘线稿

（4）电脑手绘工具

计算机的图像处理能力已今非昔比，电脑手绘的流畅度和扩展性已达到较高水准，借助计算机来完成黑白线稿是完全没有问题的（图3-26）。借助电脑进行手绘无需担心画面涂抹和损毁，还可以运用图层进行编辑、修改，且便于保存和分享，解决了传统纸质手绘的诸多不便。用于手绘的电子产品主要是苹果、微软、Wacom等品牌的数位板（屏）（图3-27~图3-29）。这些产品在笔头触感、压感以及纸张模拟等方面已经达到了较高的水准，越来越接近于传统纸质的手绘体验。虽然本书是讲授传统纸质手绘技法内容，但面对电脑手绘工具的高效、便捷，我们鼓励学习者大胆使用。不管是纸还是电子屏，核心问题是要用手去绘。

图3-27　数位板

图3-28　数位屏

图3-29　iPad Pro和Pencil

2. 线稿绘制步骤与要领

鸟瞰图线稿的起稿方式与其他透视效果图一样，首先绘制草稿（图3-30、图3-31），经过反复调整和修改后，再进行第二次细致的勾描，形成正式的“成品”线稿（图3-32）。

（1）传统线稿绘制方法

绘制草稿

鸟瞰图草稿要使用便于涂改的绘图铅笔（自动铅笔亦可），可使用绘图纸或拷贝纸。

步骤1 将纸平整固定于倾斜桌面（专业设计绘图桌）的正中位置，周围空余可用于透视消失点定位。将方案平面图和构图小稿竖立摆放于前方，方便随时进行位置、尺度、空间和具体内容的对照。

步骤2 对照平面图和构图小稿，按照已确定的取景构图计划用长尺绘制透视框架和画面主线，并反复审视、矫正。

步骤3 在已搭建的画面结构框架中绘制主体内容的核心部分，以其作为尺度和定位参照，由近至远绘制其他内容。将所有建筑体绘制完成，此过程中除垂直线之外，其他所有线条均不用尺规，要徒手表现，并尽量依靠目测衡量尺度和对位关系。只画建筑体块轮廓，不画立面内容和其他细节，如果建筑立面内容表现较多或形态比较复杂、特殊，也可在此阶段进行适度描绘，或者在建筑体块上画出楼层线，以备后期深入表现时参照。应注意，每画几栋建筑后一定要停笔片刻进行审视，特别注意建筑尺度的比例关系和近大远小的透视效果，此环节非常容易出现形体比例错误。

步骤4 在建筑之间的空隙中填充地面景观，主要是道路、铺装、种植以及局部水景等元素。这个过程是由内向外表现，先画画面中心密集区域，再逐渐推向建筑外围，要随时停笔审视，特别要注意树木的尺度，还要注意近大远小的透视效果，这个环节也容易出现比例失衡的情况。

步骤5 表现周围环境内容，包括山体、水系、森林、田地、外围道路等，也要由近至远推进。重点注意近景环境的表现，如无任何内容则用大片绿地、树林做虚拟表现，以配合调整画面密度、节奏，但不能过于潦草，而且应有意加强树林的外轮廓形态变化。到此，一张大致完整的草稿就呈现出来了。

图3-30　CBD区地标建筑方案设计草图

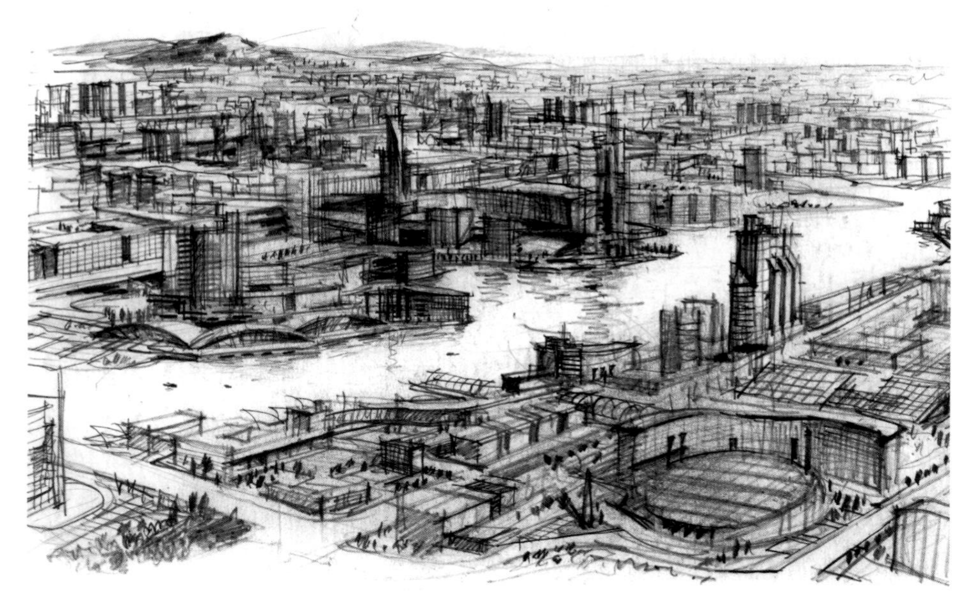

图3-31　CBD规划设计大型鸟瞰图草稿（铅笔）

勾描正式线稿

步骤1 将完成的草稿置于拷贝台上，将正式线稿纸张放置其上并将上端固定，下端无需固定，以便随时掀起检查绘制内容。

步骤2 开始拓图勾描正式线稿（拓图方法见下页）。仍然先画以建筑为首的主体内容，再画周边环境，也按照由近至远的次序描绘。过程中仍要反复对照平面图，并随时停笔起身，从较远的位置对已完成部分进行比例、尺度的审视。如果草稿细节不明确或看不清底稿，可随时掀起上层纸张查看草稿。

步骤3 添加建筑立面和细节，一次到位，这个环节需尽量谨慎、稳健，且注意“适可而止”。鸟瞰图强调整体和谐、平衡，局部过度的细节刻画会显得突兀、孤立，影响画面整体感，所以大多数建筑立面和细节以较概括的线条表达。

步骤4 在画面所有内容均完成后，添加人、车、船等各种配景点缀，这些内容主要集中在近景区域。

以上是手绘鸟瞰图线稿表现标准的流程，经历了两次完整的画面描绘。

正式线稿的描绘过程是对草稿内容进行校正和微调，并不是完全依照草稿的纯粹描图，而是独立的方案表现环节，所以正式线稿与草稿相比会有内容上的差异和更新。此外，绘制正式线稿比绘制草稿更谨慎、平稳，完成后的图纸会比草稿更工整更干净，呈现清晰的线描效果。

图3-32 CBD规划设计大型鸟瞰图线稿（铅笔）

传统的拓图方法

传统的手工拓图方法是将草稿的背面用铅笔均匀涂黑，然后正面朝上，固定在正式线稿纸张上，把草稿上的所有内容重复勾描一遍，正式线稿纸上就会留下拓印的痕迹。然后移开草稿，仔细检查遗漏的内容和深浅不均匀的地方，用铅笔进行修补。最后，再用绘图笔在拓印痕迹上勾描一遍，绘制正式线稿，完成后用橡皮将拓印的铅笔痕迹擦除（图3-33）。

以上这种传统的手工拓图方法需要经历三遍绘制，工序烦琐，时间成本较大，如今已经基本被淘汰。其实这种方法也有优点，拓印的过程等于增加了一次思考和表现机会，多一次推敲的过程，到最后正式勾描绘图笔线稿时，从心态到手感都已经对内容更熟悉，对画面更有把控力。

在没有方案重大调整的正常情况下，绘制一张例如图3-34的中型鸟瞰图的草稿一般需要花费8～10个小时，正式线稿（图3-35）5~6个小时，总共大概需要2天时间，如果采用传统拓印的方式则可能需要3天时间。有人认为一张大型鸟瞰图连同线稿和着色在一周内完成是很正常的，仅从绘图角度而言一周的时长比较充裕。但在实际项目操作中，几乎不会一稿到位，因为方案调整等原因反复修改线稿是非常普遍的，这与绘图速度本身无关。所以在实际工作中需要尽量缩短线稿表现的时间，这就需要更快捷的方法，下面就来讲一讲更有效、更实用的线稿快速绘制步骤和方法。

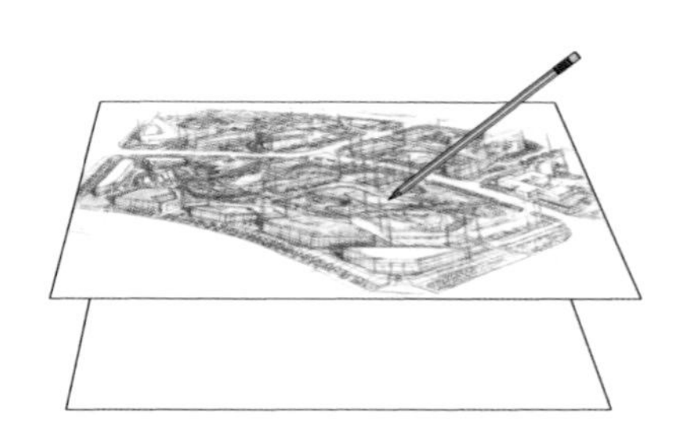
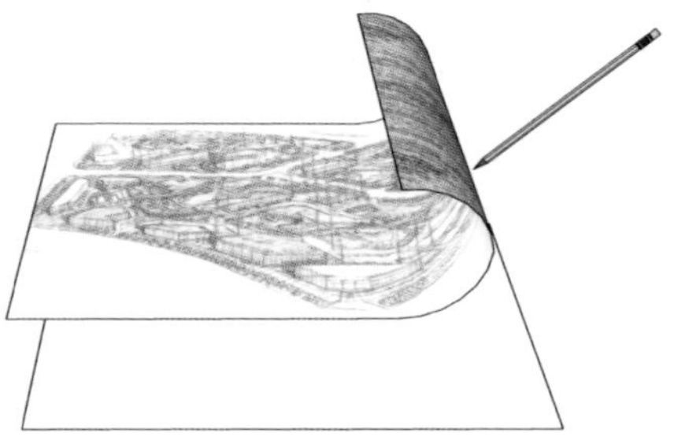
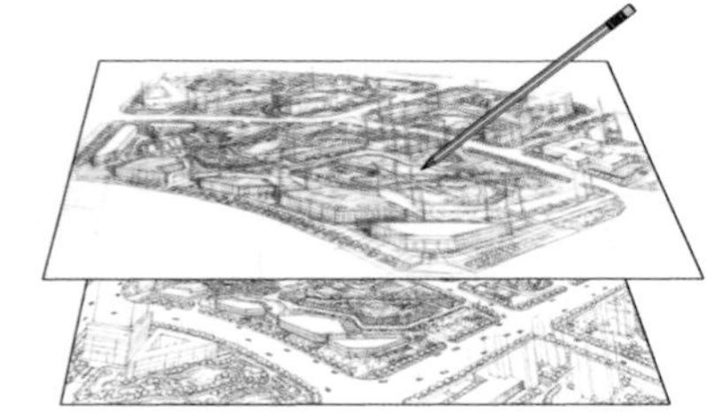

图3-33　传统拓图方法

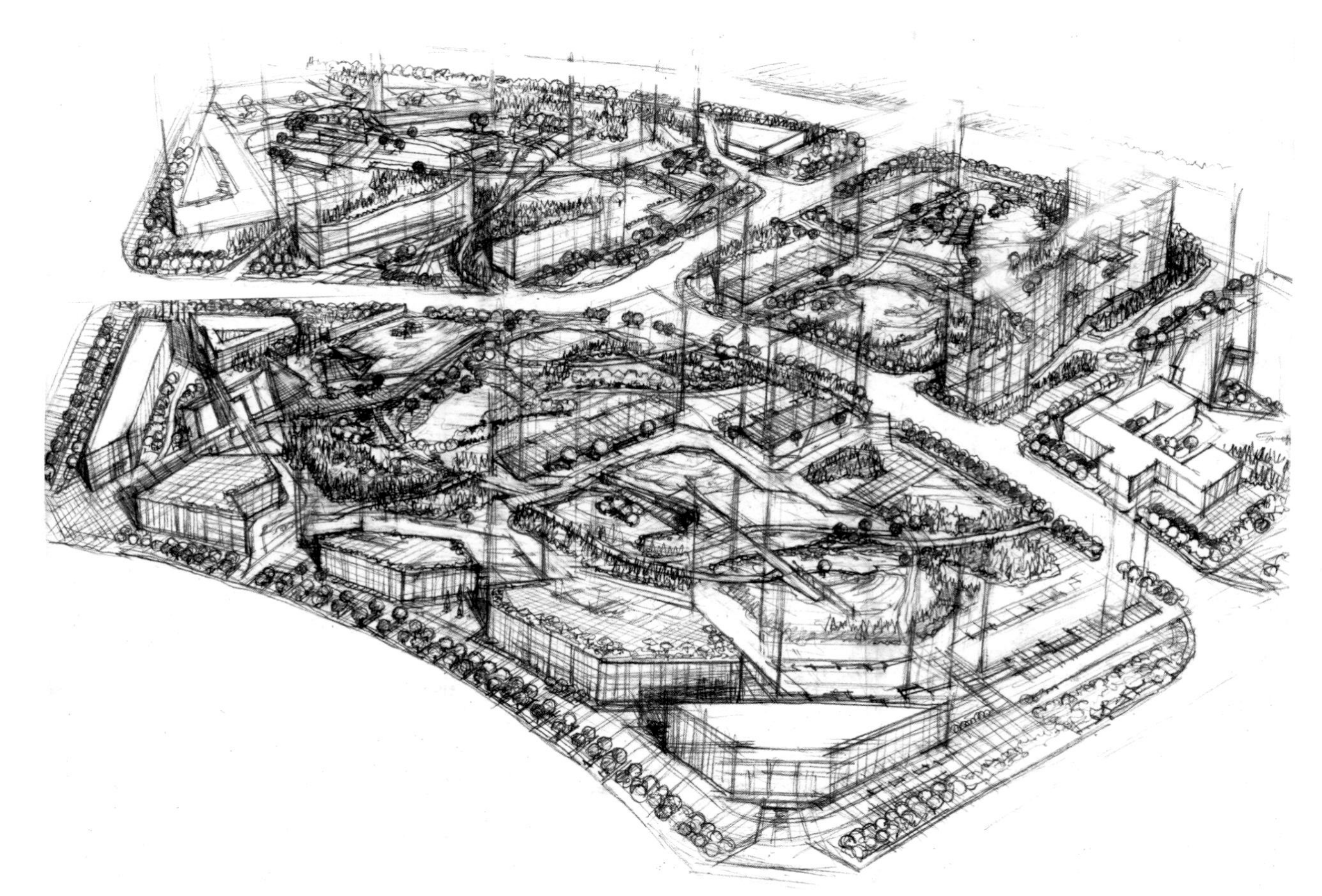

图3-34　住宅区景观设计中型鸟瞰图草稿（铅笔）

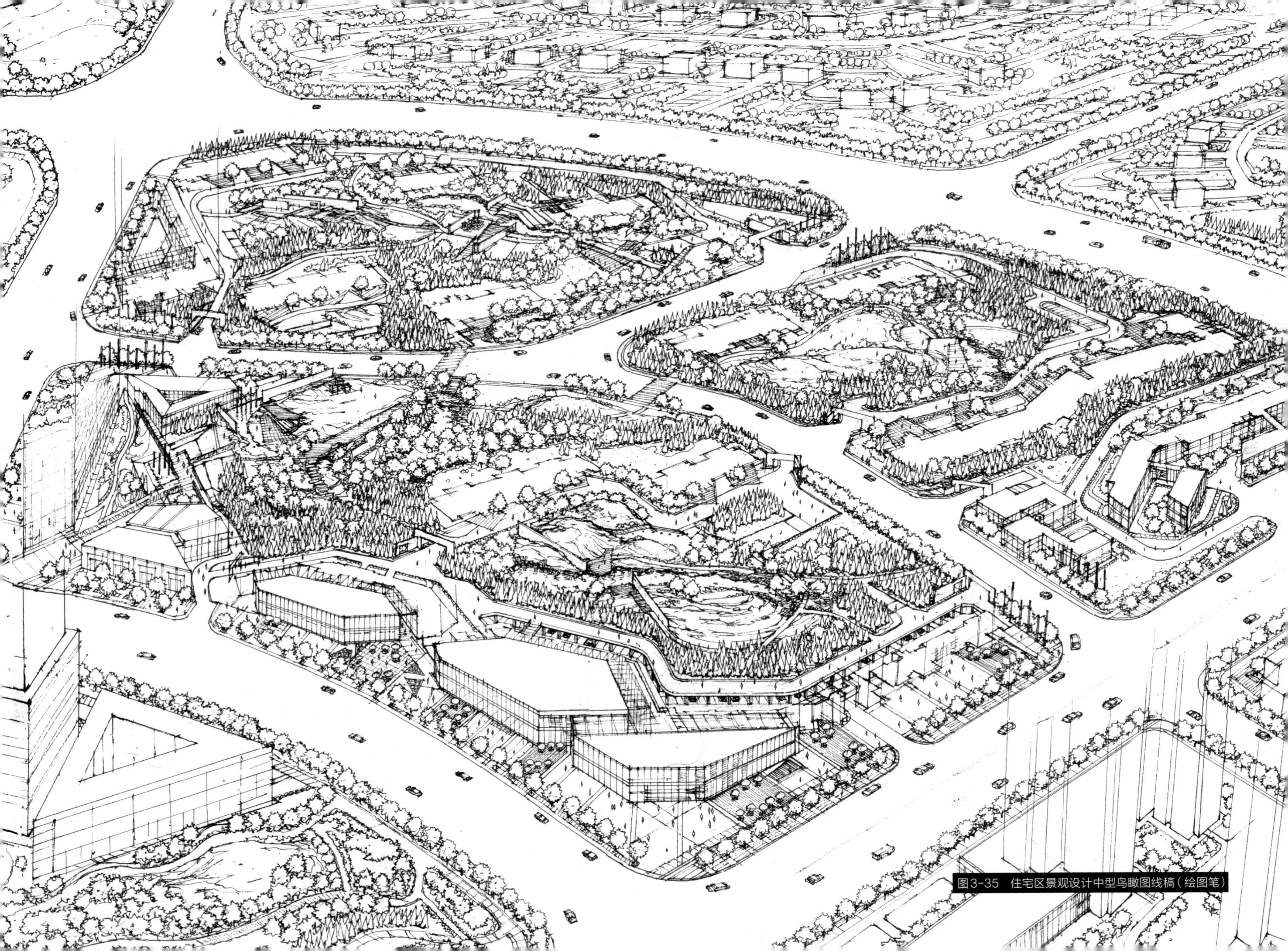
图3-35　住宅区景观设计中型鸟瞰图线稿（绘图笔）

（2）线稿快速绘制方法

更快速的线稿绘制方法是在计算机建立的基础体块模型上绘制线稿。在目前的规划、建筑及景观设计工作中，三维软件建模已是不可或缺的设计内容。其中最普遍应用的模型设计软件是SketchUp，SketchUp操作简单、实时渲染的特性使设计师可以快速上手，并在建模过程中实时推敲方案的形态与空间关系，还有多种成果输出形式。SketchUp建立的体块模型足以用于绘制鸟瞰图线稿，能方便地变化视角斟酌取景与构图，确定角度后直接打印作为底图（图3-36），有效地精简了鸟瞰图线稿的绘制流程，能极大地节省时间。

简化草图

虽然建筑体块已通过数字模型呈现且已确定了视角，但画面中还有大量内容需要补充和完善。如果有较好的手绘基础和经验，可以直接绘制线稿，同时补充完善细节。如果没有把握，可以在确定取景构图的打印画面上，用不同的色彩或不同粗细的马克笔线条标示出道路、植物与广场等区域内的交通流线、景观设计等主要内容（图3-37、图3-38）。

标示环节需要按照方案内容慎重添加，目的是为随后的线稿绘制提供大致准确的内容定位，提高后期描绘的效率，并不是画面表现，但表达的精细程度可以根据个人习惯来做决定。

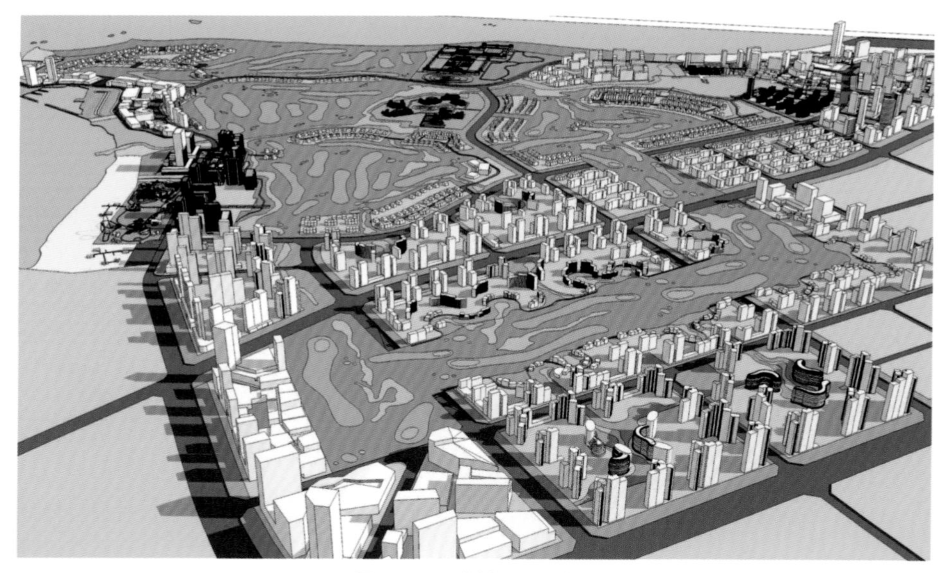

图3-36　三维模型导出底图

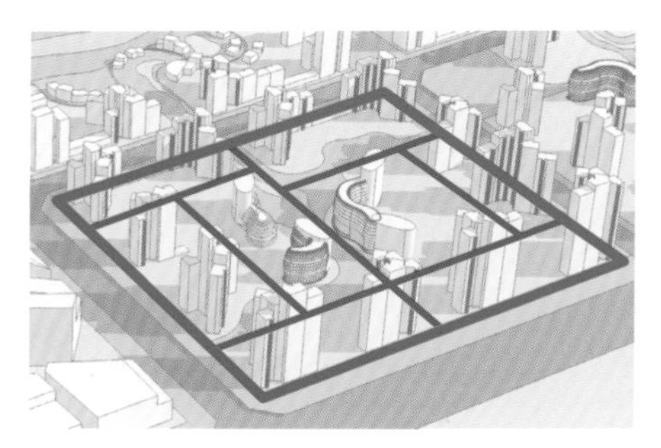

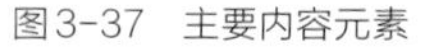

图3-37　主要内容元素

图3-38　标示实例

以下是标示内容的步骤以及注意事项。

步骤1　首先需要标示出内部道路系统。对照方案平面图，在已有建筑体块模型的底部，用深灰色马克笔将这些道路勾勒出来，允许误差，但不要偏差过大。另外要注意区分级别，对于如景观步道的“小路”，可用较细的线条描绘。

步骤2　接下来标示绿地与铺装。在道路系统全部完成之后，将建筑物周围及道路中间的空白区域用浅绿色和橙色马克笔涂染填充为绿地和铺装。这两种元素在鸟瞰图中是最基本的地面内容，商业区的铺装比例较高，住宅区则是绿地覆盖较多。

步骤3　标示行道树。行道树是“勾勒”道路系统轮廓的线性种植，同时将建筑组团和区域“包围”起来，打造明确的边界。行道树可以用深绿色马克笔以连续点状笔触标示，不需要变换样式，确保树木形成的线条整齐即可。需要明确的是，画面中的行道树不仅是绿化元素，更重要的作用是作为尺度比例的参照。

步骤4　标示其他树木。在组团内部空间中种植的通常是团状树林，一般都在绿地中。在场景较大的画面中，乔木丛和灌木丛几乎无法区分，可以将它们合并处理，只需要在正确的位置画出基本的“团状”形态即可。因为与行道树的线性形态不同，可以使用同样的深绿色标示。在较小的场景中，由于距离较近，可以通过色彩区分两者。成片的灌木丛可以用略浅的绿色连片涂染，与乔木作区分。

步骤5　鸟瞰图中还有一些需要标示的特殊元素，如水体、成片的花田、稻田以及高尔夫球场，这些都取决于方案的实际情况，可以选用与之相配的色彩进行表现。

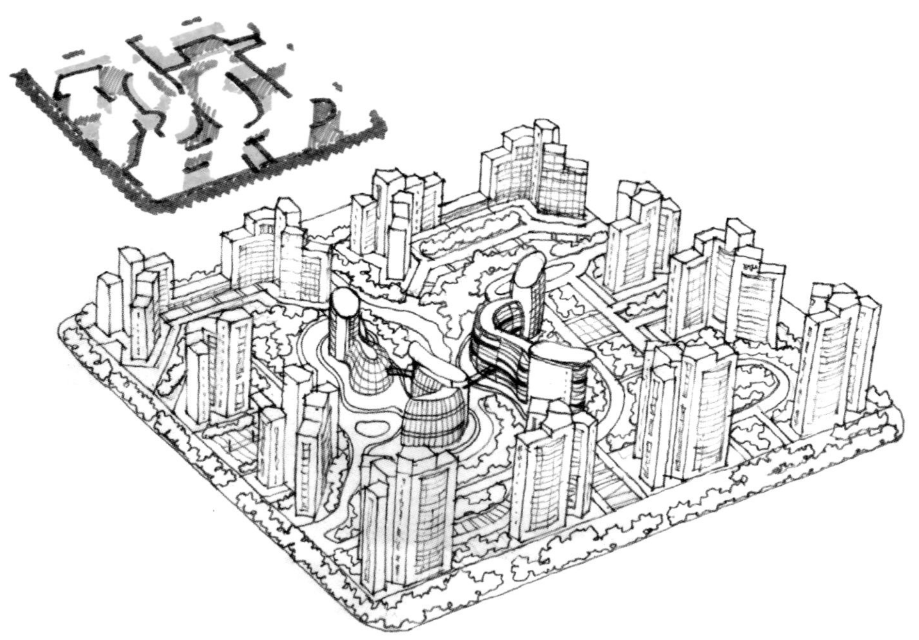

图3-39　简化草稿（马克笔）与线稿（铅笔）（一）

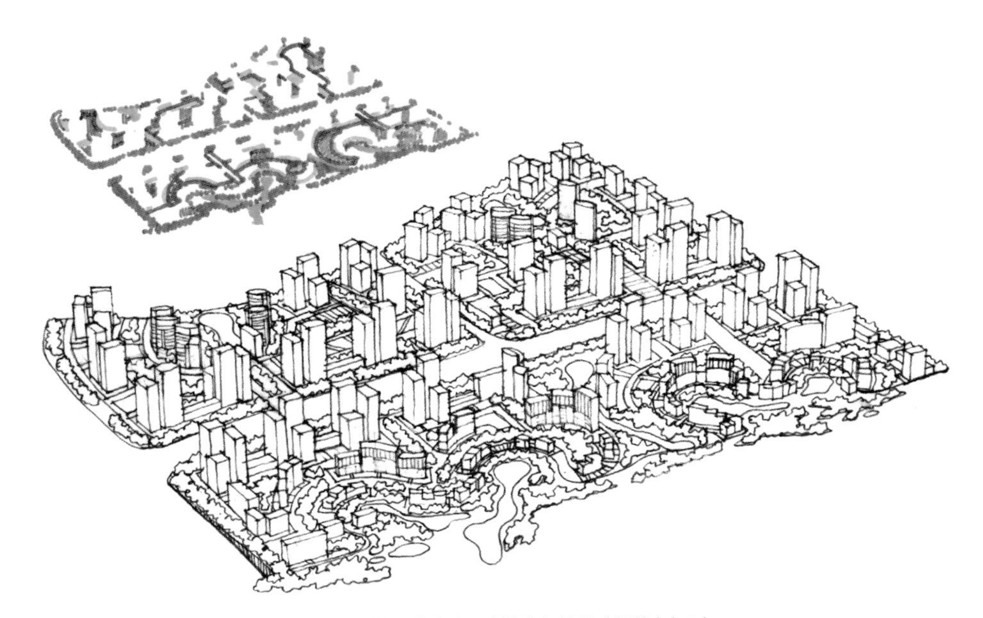

图3-40　简化草稿（马克笔）与线稿（铅笔）（二）

步骤6　标示结束后，将硫酸纸或绘图纸置于其上，按照前面讲到的方法绘制草图，然后再描绘正式线稿。

以上标示的是手绘鸟瞰图中最普遍的内容元素，基本包括了所有主体内容的地面部分。画面中的其他特殊元素如球场、车站、桥梁、码头等，因为都有相对独立的形态，通常与建筑体块一起在建模阶段完成，如果表现过于概括，则需要用铅笔另外绘制草图，与全部标示内容“汇总”后作为底图使用。

通过计算机建立三维模型，在打印出来的底稿上添加内容后再绘制草图，看似多一道“工序”，其实并不占用过多时间。不仅为后续的绘制加了一道“保险”，也能提升工作的速度，是快速、便捷的实用方法，能节省大量的时间，在实际工作中应用非常普遍（图3-39、图3-40）。

快速勾描正式线稿

不可否认，勾描鸟瞰图线稿也是一项耗费精力和体力的工作，需要耐力和持久力。在绘制过程中，烦琐重复的勾画很容易导致疲惫，并且因为关注局部而失去整体把控力。为了保持对画面的控制力，最重要的是要合理编排勾画线稿的顺序。

按照前面所说的标准步骤，应先绘制主体内容，从道路、建筑、种植，到街景细节和配景，最后到远景表现，从中心向四周，由近至远，整体推进完成线稿。但是这种看似标准的推进模式会使绘制的激情动力快速消耗，特别是对于初学者，出现失误或发现不如意之处就容易丧失信心。

经过实践验证，可以将画面化整为零，分为多个区域，类似于拼图，将多个小区域逐渐拼接起来，以跳跃的方式绘制，最后处理区域之间的衔接部分，完成整体画面（图3-41、图3-42）。这种“拼凑”的方法看似“非正规”“不合理”，但能有效地保持绘制者的新鲜感。需注意的是，在绘制过程中，仍需围绕主体内容展开，成团成组地进行，跳跃度不要太远。

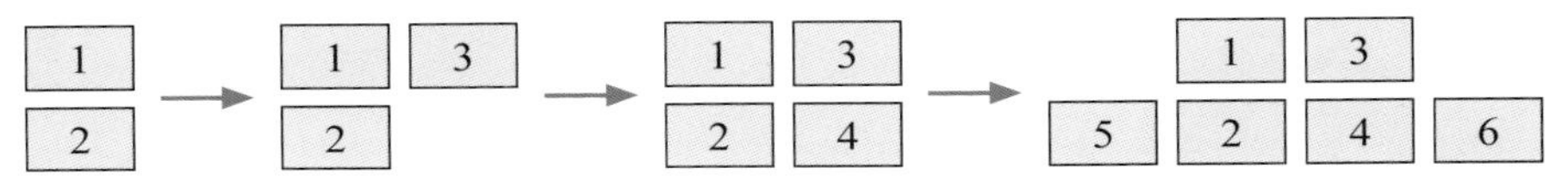

图3-41　“拼凑”的线稿勾描方法

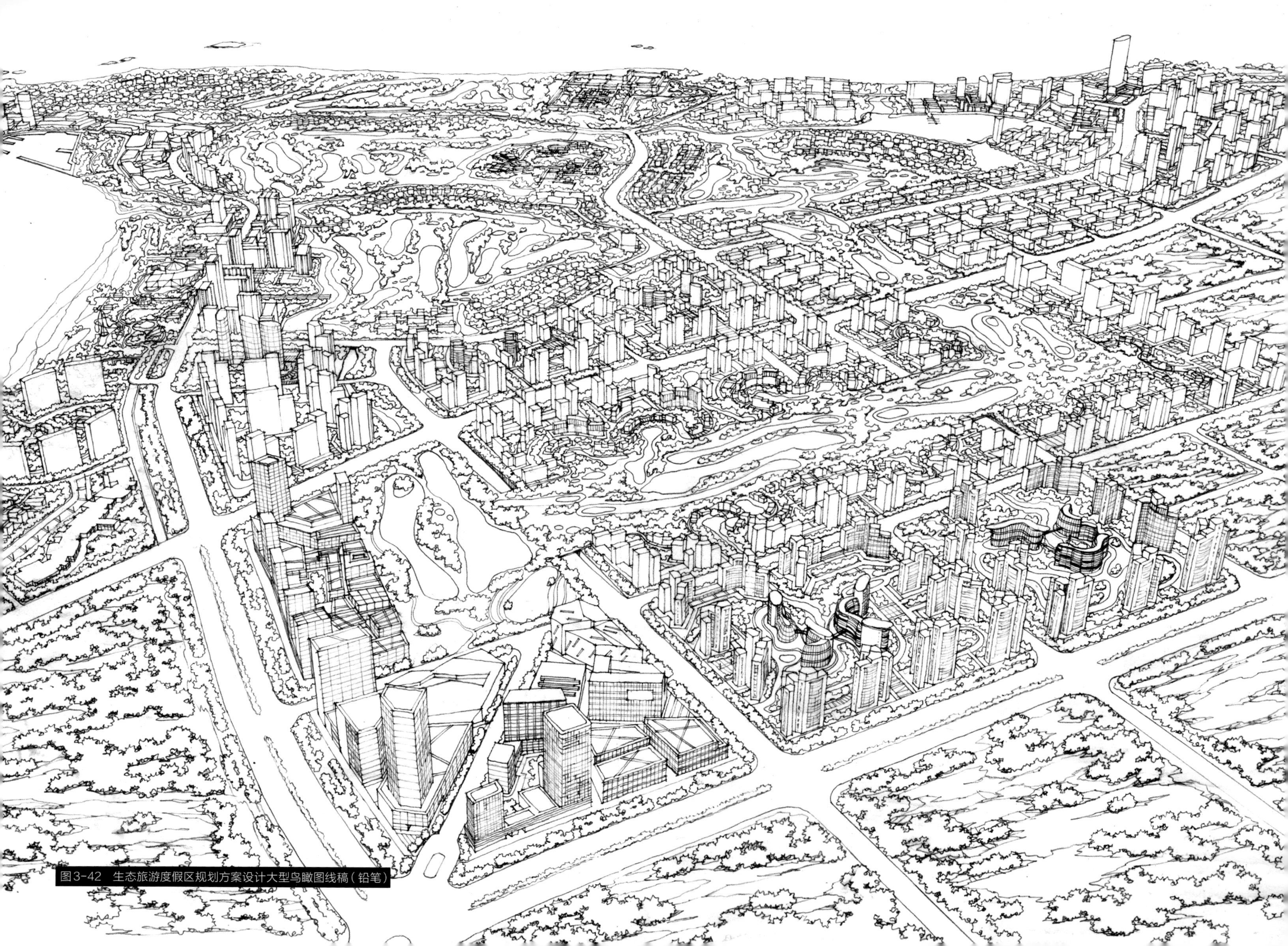

图3-42　生态旅游度假区规划方案设计大型鸟瞰图线稿（铅笔）

（3）线稿绘制实用技法

复合应用技法

在实际手绘表现过程中，可以根据方案设计草图（图3-43）搭建非常简单的三维模型（图3-44），模型中主要展示地理环境与少量的建筑体块，只要起到斟酌取景构图的目的就可以直接打印底稿，进入绘制线稿的流程（图3-45）。这种方法适合中小型鸟瞰图表现，有高低起伏的地形变化，或者有高低错落的建筑体块。这是更加简化的表现技法，能够缓解设计工作中的时间压力，但是对设计师的手绘能力要求则大大提高了。

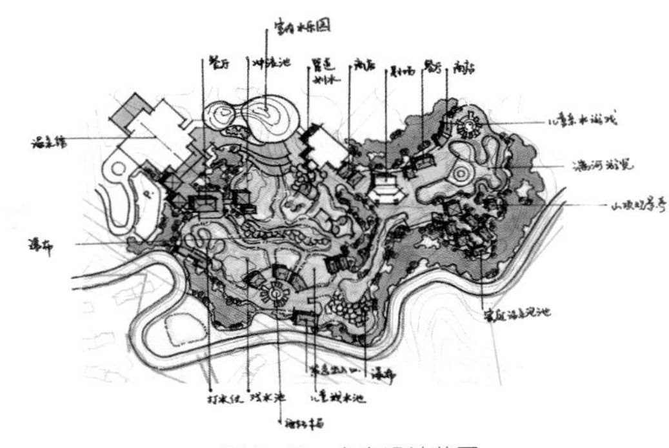
图3-43　方案设计草图

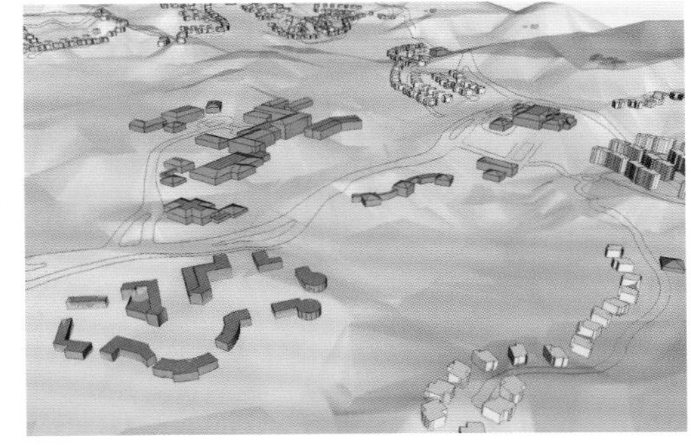
图3-44　三维模型

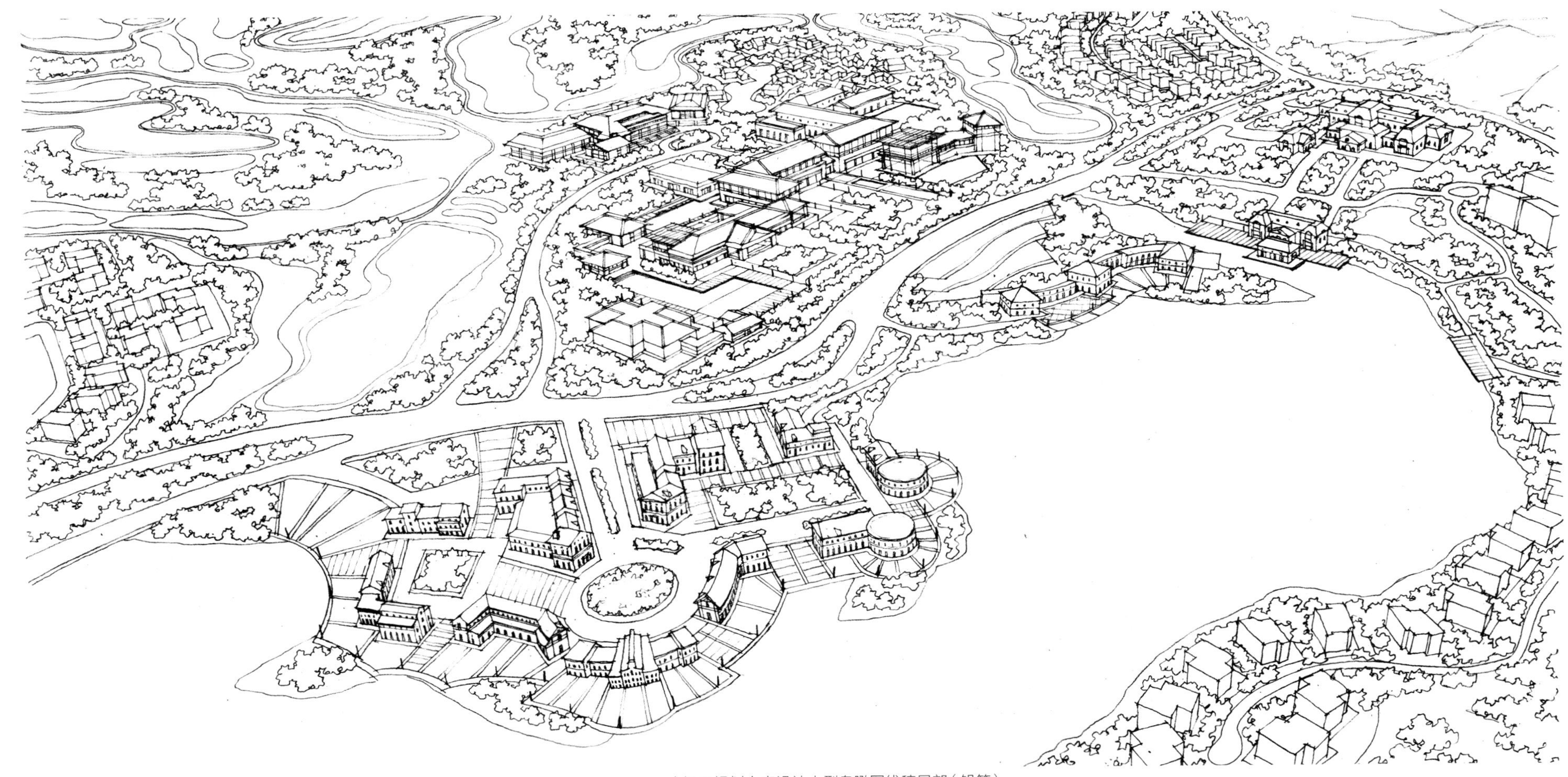
图3-45　度假区规划方案设计大型鸟瞰图线稿局部（铅笔）

平面图纸压缩处理

建立三维模型完成的是取景构图步骤，虽然比传统的方式高效，但建模也需要花费不少时间。还有一种更简便的方式，只要将平面图平铺到SketchUp软件视图中（图3-46），转动鼠标从不同角度审视，也可以实现取景构图的推敲，确定后作为底图直接输出打印。这是一种非常快捷实用的方法，SketchUp软件能赋予平面图透视效果，但上面的建筑体块还是需要手工绘制。这种方法适合大型甚至超大型鸟瞰图表现，建筑在画面中小而密，体块的透视错误并不明显（图3-47）。

图3-46　三维软件视图中的平面图

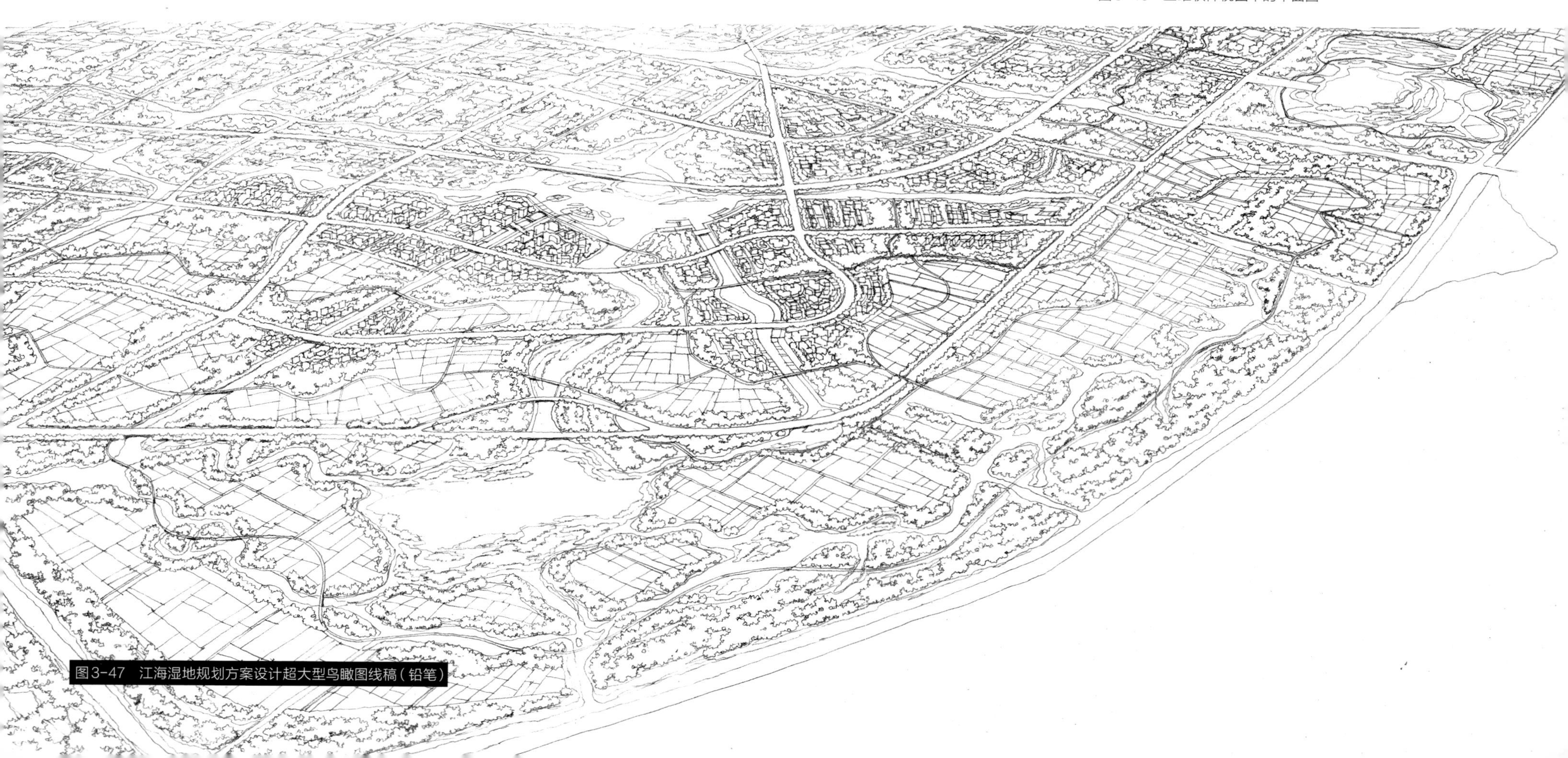

图3-47　江海湿地规划方案设计超大型鸟瞰图线稿（铅笔）

图3-48　实景照片

实景照片意向表现

用实景照片作为底图也是一种省时省力的鸟瞰图线稿绘制方法。使用的照片或图片通常来自于实地拍摄（图3-48），场景真实且富有说服力，能够节省建立三维模型的时间和人力，常用于概念规划设计项目的初期阶段的鸟瞰图绘制（图3-49）。

以上三种方法虽然简便但并非“简单”，因为需要绘制者有较好的立体形象思维能力，能够在绘制过程中想象场景空间效果，对于学习者也是有效的训练方式之一。

图3-49　生态文化旅游区规划设计中型鸟瞰图线稿（数位屏）

图4-1　城市规划设计大型鸟瞰图（水彩）

第4章

手绘鸟瞰图着色

对于手绘鸟瞰效果图的着色，首先应强调，着色并非简单的效果完善，而是在线稿表现基础上的“补充设计”，这个环节是对方案设计更详尽、更写实的描述。通过着色能进一步梳理空间关系，表现形态细节，同时使画面更具真实感染力。在鸟瞰效果图表现的工作量中，着色的比例大约是三分之一。最常使用的着色工具是彩色铅笔（彩铅）、马克笔、透明水色和水彩。

透明水色和水彩着色属于“软笔着色”，主要用于最终的效果图表现，使方案呈现更加丰富和细腻的效果。特别是水彩，是鸟瞰效果图的主要表现形式，本书中的图例大多为水彩着色的鸟瞰效果图（图4-1）。

彩铅和马克笔是国内设计者们最常使用的工具，具备便携和表现快速的特性，表现形式感和技巧性都比较强，表现效果较鲜明，多用于方案设计阶段的设计草图和快速表现。我们通常称彩铅和马克笔着色为“硬笔着色”。

1. 着色类型与工具

（1）彩色铅笔

彩色铅笔（图4-2）是广泛使用的绘画工具，色彩齐全，使用难度较小。在方案表现中主要通过排线的涂染形式体现色彩和笔触，是设计师在方案设计，特别是景观方案设计各阶段常用的手绘表现工具。彩铅着色能营造浪漫、轻松、绚丽且富于动感的画面气质，是手绘着色中比较富于美感的类型。

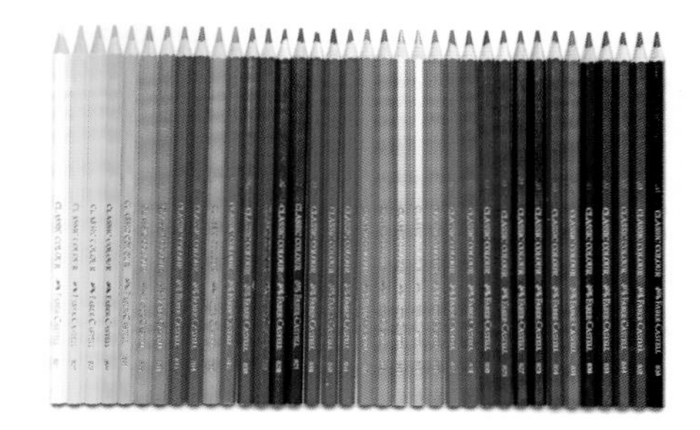

图4-2　彩色铅笔

彩色铅笔着色的要领有以下几点。

用笔力度

这是彩铅着色最关键的要领，也是最常见的应用误区。大多初学者使用彩铅时的共同点是非常谨慎，不敢用力，彩铅在画面上像一层“薄雾”，完全不能发挥出它积极、热情的气质。彩铅铅芯的质地比较特殊，用笔力度应大于普通绘图铅笔，才能体现出它的笔触效果，并发挥它色彩鲜艳的特性。（图4-3）

图4-3　彩铅不同力度效果对比

笔触统一

彩铅着色讲求笔触，通常以统一的规律呈现（图4-4），比如倾斜排线，类似于素描，不过线条比较短且“成组”。也可以根据个人喜好和习惯使用其他笔触，如三角笔触、旋转笔触等（图4-5），重要的是保持统一性，能够彰显笔触的风格特征，体现个性与动感。

图4-4　景观设计手绘表现

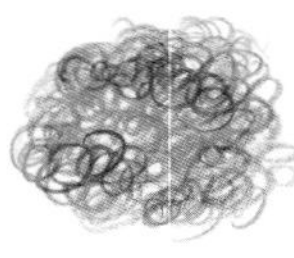

麻团线笔触

三角连续笔触

点状笔触

网状编织笔触

毛绒笔触

图4-5　彩铅的笔触形式

色彩丰富

彩铅浪漫、绚丽的画面效果来自丰富的色彩变化（图4-6），这种丰富性并不是单纯地来自色相变化，更来自色彩的相互融合与衬托。在着色时，不应该是单纯地涂染对象的“固有色”，而是要调配其他附加色，使单调的底色得到补充，创造丰富的色彩变化。比如草地，如果只用绿色就会显得单调，应该加入其他颜色，如橙色、黄色来增加变化，这样做不仅不会造成画面色彩的杂乱，而且能够丰富色彩，展现彩铅的激情特质。这是画好彩铅的关键。

图4-6　彩铅色彩搭配调和示例

图4-7　建筑概念意向表现

以上三个要领的共同作用可以充分发挥彩铅的优势和特色，虽然并非定式，但确实是在实际的手绘表现工作中提炼出来的强化彩铅魅力的有效方式。彩铅着色在边角与细节上还要随形体关系进行处理，不要刻板套用。这三个要领的作用在人视点画面和小型鸟瞰图草图中比较突出（图4-7、图4-8），而对画面内容繁多、场景巨大的鸟瞰图不需要过于强调以上几点，适度运用即可。

图4-8　建筑概念方案鸟瞰快速表现

（2）马克笔

马克笔（图4-9）上色快速、简便，无需对颜色进行调和，画面效果简洁、帅气，极具手绘质感，在国内被认为是最常用和最首选的上色工具，甚至成为手绘的代名词。实际上，这种“群体性热衷”存在一定的片面性和宣传效应。马克笔最初主要应用于工业产品的手绘表现，后又扩展到室内表现领域，近二十年来几乎普及到所有手绘表现领域，学习者越多越促进了其“统领性”地位。但从绘画角度说，马克笔并没有绝对性的优势，它在手绘表现中的优势主要是精练、概括，能营造较独特的画面气质，但在精细度、表现的丰富性等方面并不见长。希望学习者能够客观看待马克笔的优点与缺点，不要一叶障目。

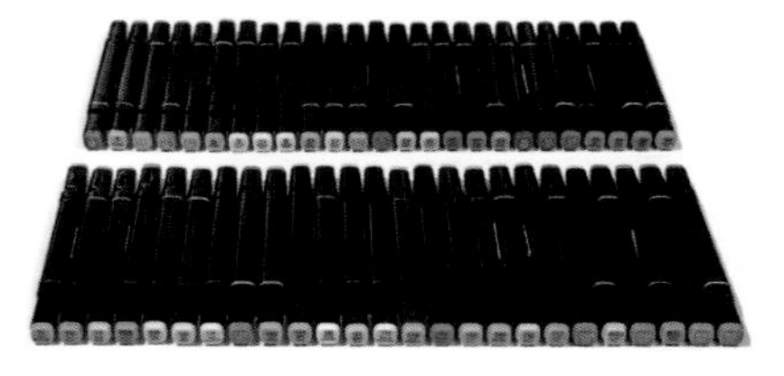

图4-9　马克笔

马克笔的技法要领的关键是利用、发挥其本身的特性，可以概括成以下几个方面。

线条变化

马克笔上色是以“线”的形式展现的。马克笔笔头有倾斜切面，能画出干脆、简洁的线条。其基本的笔触是宽厚粗壮的，变换笔头的切面还可以画出不同粗细的线条。上色时交替变换粗细笔触才能发挥出马克笔的优势，通过粗细线条的变化应用还能够表现虚实和渐变效果（图4-10）。

图4-10　调整笔头控制线条粗细变化

笔法特征

马克笔不能像彩铅那样控制轻重，只能利用笔触的不同排列形式表现描绘对象不同的质感特征。最常使用的是接近于平行的横纵方向的笔触排列，分为“压边排列”和“空隙排列”两种基础笔法（图4-11、图4-12）。在实际表现中，这两种排列方式是混合使用的，加大倾斜度和连续性后演变为折线笔法（图4-13）。需要强调的是，这种常见的马克笔“Z字符号”，是一种被固化和概念化了的笔法，并不是马克笔的笔法“代表”。

图4-11　压边排列

图4-12　空隙排列

马克笔不同的排列笔法可以形成特有的笔触效果，起到不同的作用。绘制室内和建筑时可以表现不同的材质。在描绘自然环境场景时笔法会有所改变，比如用“扇形笔法”（图4-14）、“骨牌笔法”（图4-15）等特殊笔法表现植物、天空等。

图4-13　折线过渡效果

图4-14　扇形笔法

图4-15　骨牌笔法

笔触方向

马克笔笔触不宜过长，密集、短促的笔触能体现高度概括性的表现风格，所以对物体的着色的方向多取短边方向，笔触效果更鲜明（图4-16）。另外一种笔触方向是顺着透视方向，尤其是表现体面感很强的建筑时，就常用顺应体面的透视消失方向排列笔触，这样能够强化体面关系和体块硬度效果（图4-17）。

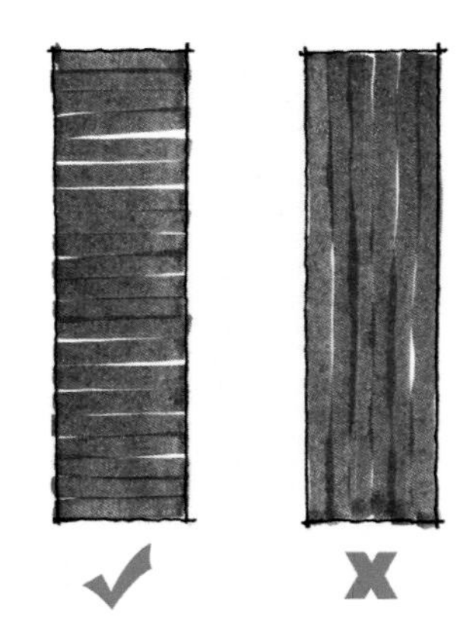

图4-16　短边排列

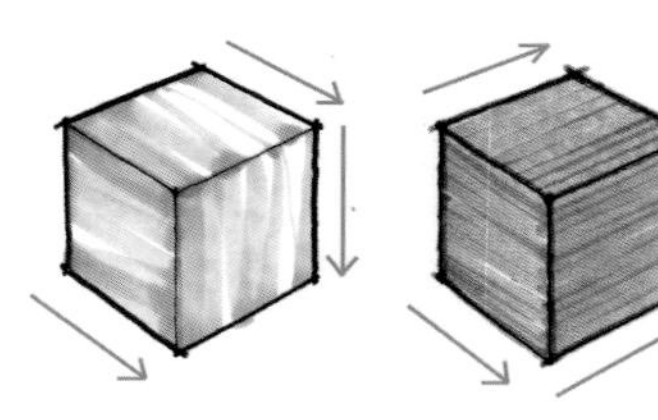

图4-17　随造型或透视关系排列

色彩叠加

马克笔色彩表现的优势并不强，因为它的颜料特性使色彩融合自由度比较有限。马克笔是以笔触叠加的方式同时体现色彩与明度（素描关系）变化（图4-18）。马克笔通常用较浅的颜色相互叠加，可控性比较强，容易达到预期效果；用中重度的颜色相互叠加就容易失控，导致颜色过重或反差过大。因此马克笔着色使用最多的是浅色，中重色主要在后期酌情少量添加。马克笔色彩叠加的优势主要体现于能制造丰富的明度关系，使用同一种颜色叠加就可以呈现层次分明的“色阶”，营造立体感和硬度。马克笔着色的要领并不在于色彩的调配，不会像彩铅那样讲求表现丰富的色彩变化，而是更侧重于物体和整个画面黑白灰关系的控制。

图4-18　笔触叠加体现色彩与明度

边角处理

马克笔着色的另一个特征是强化物体的形态轮廓，通过对物体的边缘以及“角落”的处理塑造，使马克笔的画面效果显得硬朗、利索。这些边角处理多使用较重的灰色色号，比如CG（冷灰系列）、WG（暖灰系列），不是简单生硬的轮廓“勾边”效果，主要采用较细的线条进行比较含蓄的处理。

画面省略

马克笔着色不适合大面积涂染，更不适合均匀涂染。马克笔的画面以精简省略为主（图4-19），通常从画面中心开始着色，逐渐向四周扩散，到达边缘时逐渐收停，在外围留下空余，呈现强烈的留白效果。这种留白要使观众能够感受到表现者的画面控制力和形式表现意图，不能让人产生“未完成”的感觉。

图4-19　景观方案设计手绘表现（喷墨打印纸）

图4-20　建筑方案设计快速表现（草图纸）

以上是根据马克笔特性归纳的一些主要的技法特征。在鸟瞰图着色中，马克笔只能作为辅助，因为画面规模太大，表现要求比较复杂，尤其是山体、水域这些大面积自然环境的表现，虚实变化丰富，这些都不是马克笔所能胜任的。马克笔主要用于一部分小型鸟瞰图的表现，而且通常与彩铅或透明水色配合使用才能够发挥它的优势，大多用来表现树木和处理边角。

图4-20是马克笔在草图纸上描绘的局部小型鸟瞰图。笔法特征已经不再是规律、有节奏感的排列，虽然仍遵循“随形而走”的基本原则，但线条更为自由活泼，甚至出现了近似于彩铅的排线笔触。画面保留了省略、高度概括的特征，“点到为止”，整体感觉轻盈、放松、自然。

另外，如果将马克笔用于拷贝纸或硫酸纸着色（草图表现或快速表现），以上的技法要领就会有很大的改变，笔触效果会变得不明显，画面效果也会变得柔和，呈现出完全不同的画面效果。

硬笔混合着色

对于中、大型鸟瞰图，除水彩外，其他着色工具基本上都无法单独应对，需要几种工具搭配使用。彩铅与马克笔的混合着色在各种类型的手绘效果图中都是比较普遍的（图4-21、图4-22），但这个组合主要适用于以建筑为主体内容的小型鸟瞰图，并不适用于大型鸟瞰图。彩铅与马克笔组合运用时主要遵循以下的原则。

一般是以彩铅为主，马克笔为辅。这与笔头的粗细无关，而是因为彩铅能够通过用笔力度控制虚实，非常适合鸟瞰图中的涂染。彩铅所占比例为60%~70%，甚至更大，马克笔主要用于植物、边角以及阴影的表现。

彩铅与马克笔混合着色有明确的“分工”原则，彩铅负责画面色彩，马克笔负责表现黑白灰的明度关系。

在着色步骤上也是用彩铅先行，首先做好大面积的固有色覆盖并添加附加色彩。然后马克笔跟进，对树木种植进行二次着色，强化形体轮廓和边角，添加阴影，使画面的黑白灰明度节奏更强烈。注意彩铅也不要反复叠加处理，马克笔处理的部分也不要改变由彩铅创造的整体画面色调，除非要进行大面积的画面色彩关系的调整。

从笔触效果来看，应更加突出彩铅的笔触特征，但彩铅笔触应略微平缓。彩铅和马克笔不能“各显其能”，要把控好两者的平衡关系，否则画面效果会失控。

图4-21　建筑方案设计快速表现（复印纸）

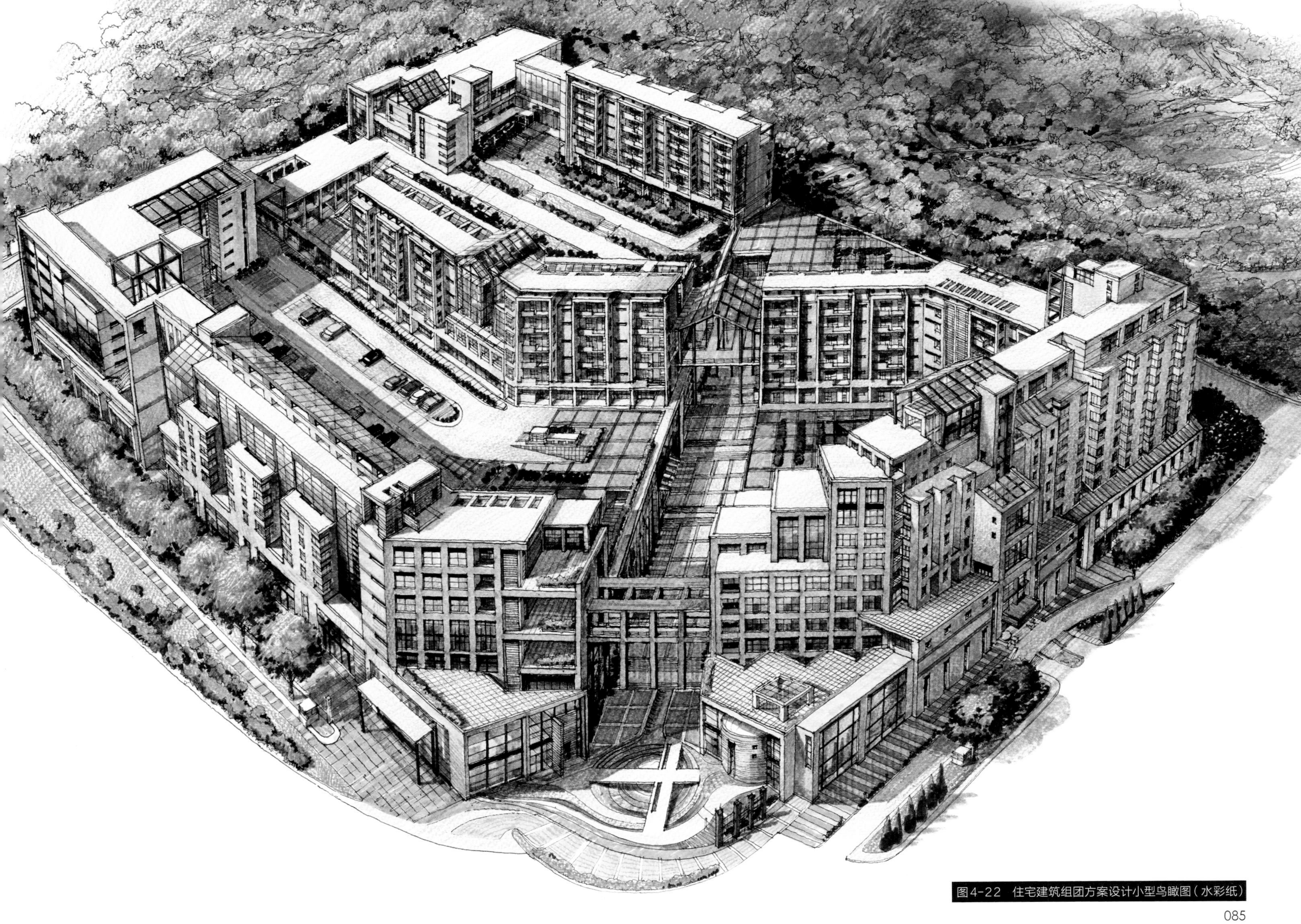

图4-22　住宅建筑组团方案设计小型鸟瞰图（水彩纸）

（3）透明水色

透明水色也称为“照相色”（图4-23），是一种纯水性的浓缩颜料，曾是国内二十世纪八九十年代室内及建筑效果图表现使用的主要着色形式，如今这种着色形式已经不多见了。

图4-23　透明水色

喷墨打印纸是一种比较厚的打印专用纸（图4-24），表面有白色图层，吸墨性强，能够承受较多的水分，能很好地固定和保存色彩。这种纸适合透明水色的表现，能够制造比较鲜亮的色彩效果。但是透明水色色彩融合能力较差，不适合大面积地涂染，建议多多尝试，了解并熟练后再慎重使用。

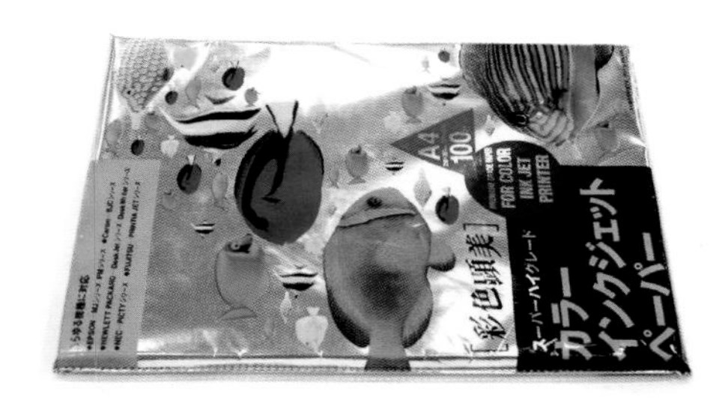

图4-24　喷墨打印纸

透明水色用毛笔绘制，作为软笔着色，与硬笔着色的最大区别是笔触。它无法像彩铅和马克笔那样凸显鲜明的笔触特征，画面效果柔中带刚、实中有虚、层次关系清晰透彻，色彩饱和度也比较高。透明水色与喷墨打印纸搭配能够发挥其色彩长处，表现效果雅俗共赏。

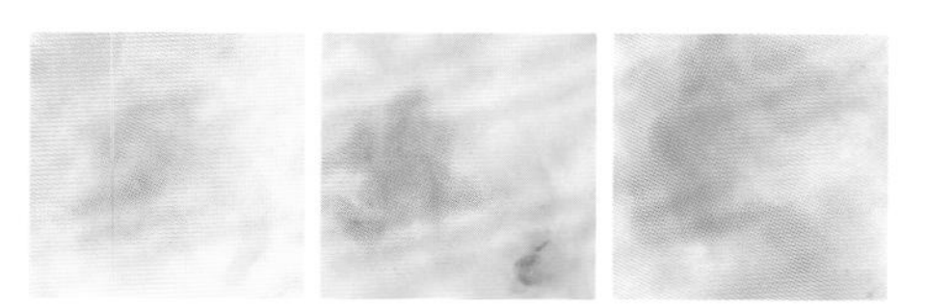

图4-25　透明水色的色彩调和

图4-26　透明水色的色彩过渡与叠加

透明水色的表现特性和技法特征如下。

● 因为是浓缩色，所以透明水色最大的特征是色彩饱和度较高，十分鲜艳。但这也是它的把控难点所在，一滴透明水色需要大量的水进行稀释。

● 透明水色的色彩种类少，多为纯色，需要进行色彩调和，一般是两三种色彩相加（图4-25）。过多种的色彩调和会导致颜色浑浊，需要多多尝试和练习。

● 虽然透明水色的色彩饱和度高，但是着色不能一次到位。第一步是用大量的水稀释颜料涂染底色，覆盖大体画面后再进行第二轮着色，第三轮着色则是深化细节和修正画面，多用较深的颜色，此时也可以像彩铅一样添加黄色或橘色等“附加色”，丰富色彩变化。透明水色的颜料特性与马克笔非常相似，常使用同色叠加控制明度变化（图4-26），也正因为此，可以用马克笔为透明水色做后期调整。

● 虽然是依靠大量水分的软笔着色，但透明水色无法采用渲染的技法。它是用毛笔侧锋以点状笔触逐步推进，会在画面上留下比较明显的笔触痕迹，因此无法实现大面积均匀着色，并不适合太大面积的涂染。

● 透明水色的亮丽色彩需要非常明晰的底稿，因此适合在绘图笔线稿上着色，不适合铅笔线稿。在实际的操作中，可以扫描铅笔线稿输入电脑后调整到所需要的对比度和线条深度，再打印到彩色喷墨打印纸上。

● 透明水色附着力强，虽然是水性，但已着色的部分是不能用“清洗”的方式随意修改的，所以绘制时需要谨慎下笔。

对于初学者来说，透明水色的着色难度是比较大的，主要是因为它的颜料特性不好掌握，且不易修改。但透明水色的手绘鸟瞰图画面清澈、活泼，如果色彩调配和明度关系处理得当，景深效果会非常好，具有独特的韵味，是无可替代的。所以，我们仍然推荐这种着色形式，大家能够通过图4-27、图4-28感受它的技法特征和魅力。

图4-27　区域景观设计小型鸟瞰图

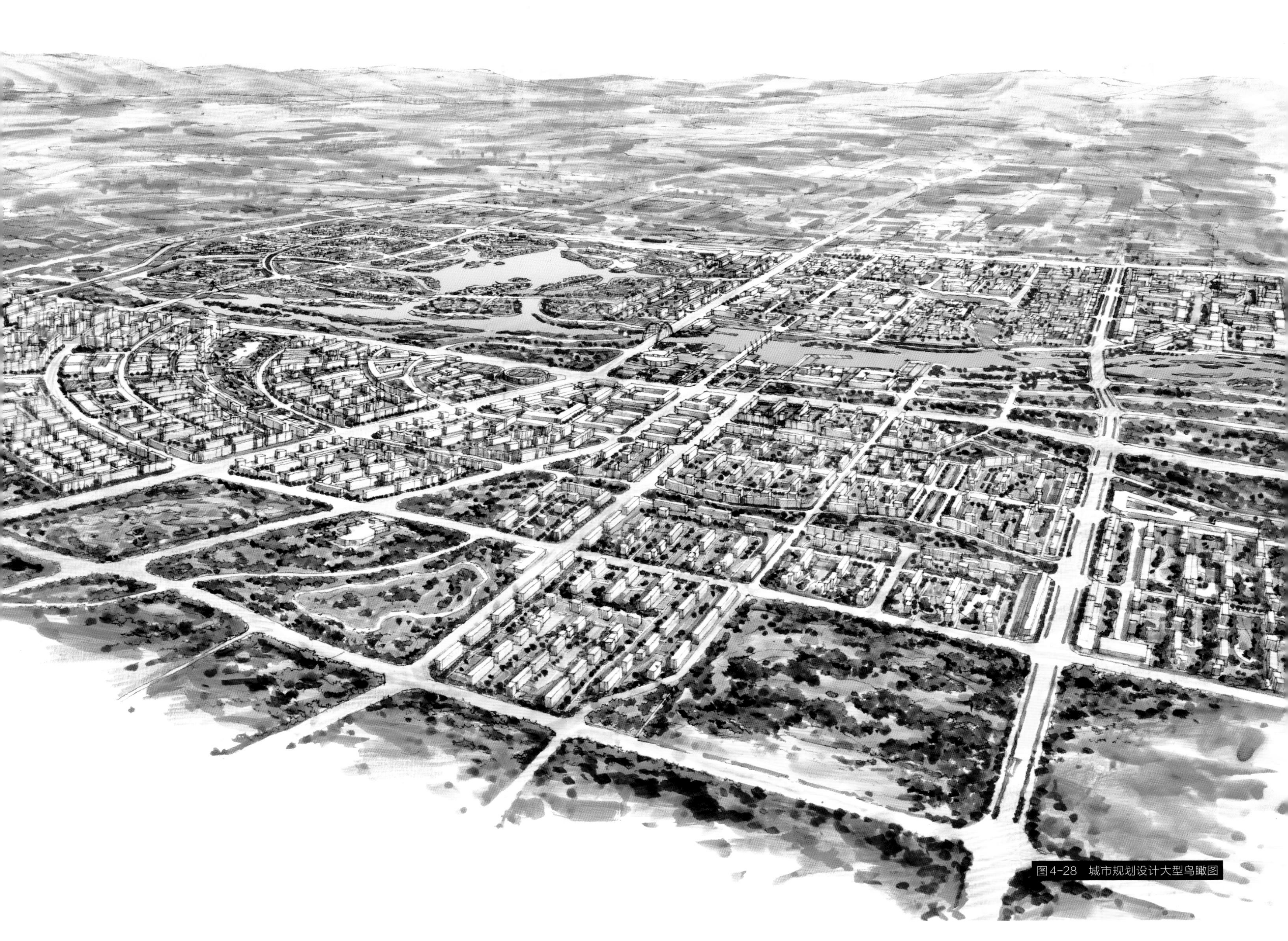

图4-28　城市规划设计大型鸟瞰图

（4）水彩

水彩是艺术感很强的高品质手绘表现形式，适合各类画面，也是手绘鸟瞰图着色的首选形式（图4-29）。水彩的优势一是既可以进行大面积的渲染，也可以进行细节的刻画；二是颜色之间自然融合、相互映衬，能产生丰富的色彩和虚实变化，能很好地营造画面氛围。

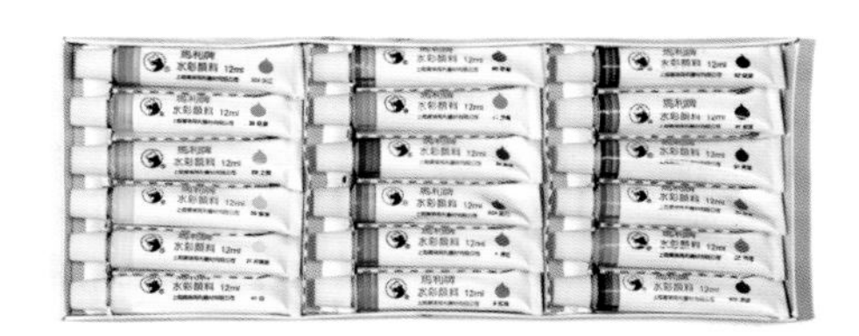

图4-29　水彩颜料

水彩纸是水彩表现的专用纸张（图4-30），主要用于水彩画面表现，也适用于彩铅、马克笔、透明水色等其他着色工具。水彩纸有不同的厚度和纹理，常用的是160~180克，不论是国产还是进口的水彩纸都可以。想获得最佳效果，需要将纸裱在画板上再进行绘画，还需要准备吹风机，加快风干的速度以提高效率。

图4-30　水彩纸着色范例

铅笔在水彩纸上表现甚佳，能够发挥其特性，是水彩画线稿的专用工具。绘图笔则不太适合水彩纸，因为纸张的纹理凹凸明显，会给运线造成一定影响。水彩的表现特性和技法特征如下。

需要特别说明的是，手绘鸟瞰图表现如今已不完全是传统的纯粹手绘模式，在追求速度和效率的当下不可避免地要用到电子设备。在实际操作中，是将线稿通过激光打印机（线稿不会被水破坏）打印到着色用纸上，即使失误或需要大规模修改方案，也可以重新打印线稿。这种形式也同样适用于彩铅、马克笔和透明水色着色。水彩纸有凹凸的纹理，为了保证打印的质量，只能使用比较薄的水彩纸，160~180克比较合适。平时练习时也可以选择这种厚度的，它们的质地和呈现色彩的效果虽然不是最佳的，但完全可以胜任水彩表现，对最终的效果没有十分明显的影响。

● 水彩的笔法以点状为主（图4-31），用毛笔从不同角度点状接触纸面，能形成不同形状的点。有时也会用“拖笔”和“滚笔”的方式带动颜料扩散，由于颜色的融合性比较强，因此笔触痕迹并不像透明水色那样明显。

● 水彩的笔触主要是通过自然风干后留下的“水迹”效果体现的，其形态变化大多是表现者有意为之，不是单纯依靠随机性和偶然性。这种“水迹”效果较多用于种植、树荫、水面倒影等（图4-32），边缘十分清晰。只有达到色彩饱和和水分充足这两个条件，自然风干后就能达到理想效果，这也是水彩重要的特征之一。

图4-31　点状笔触

图4-32　“水迹”效果

● 水彩的色彩调和性很强，并且不是单纯依靠调色进行简单的“填色”，而是在一种颜色未干的时候将另一种颜色融入其中，形成自然融合的特殊效果（图4-33），这也是水彩最主要的魅力之一。但要注意，不要过多的颜色混合，过多颜色混合会形成“脏色”，这是水彩表现的忌讳。

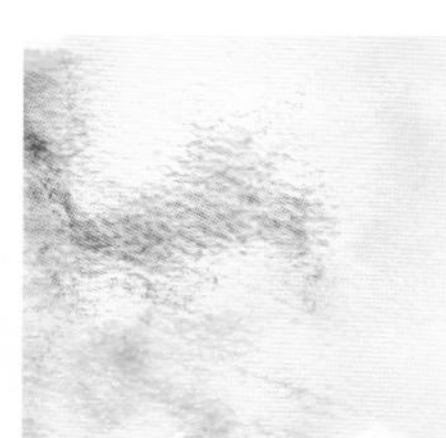

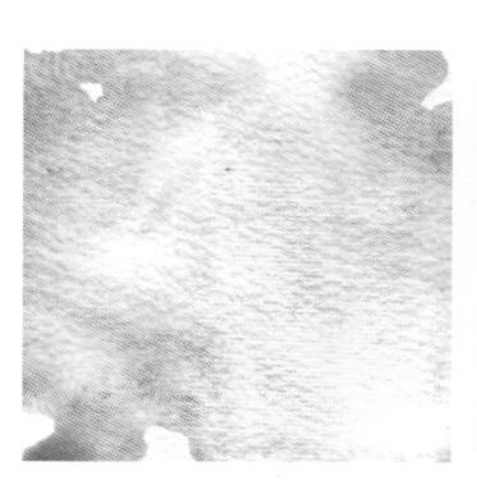

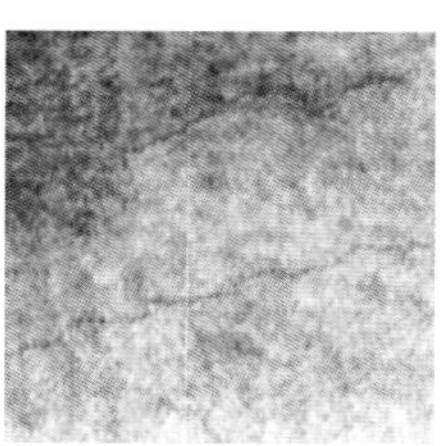

图4-33　水彩的扩散与融合效果

● 另一个体现水彩效果的诀窍是，尽量对每一块独立的区域都进行渐变效果处理。特别是面积大的区域，按其形态走向给予从一个颜色到另一个颜色的过渡变化，也可以是由浅向深的明度过渡变化，这样就能大大提高画面效果。

● 水彩有“干画法”和“湿画法”之分，我们在手绘表现中通常是两者混合使用。一般来说干画法用得多，湿画法用得比较少，这与面积大小无关，而是与表现是否便利以及表现效果的优劣有关。

图4-34　干画法（右侧树）与湿画法（左侧天空）

图4-35　通过干湿程度体现色彩层级和形态层级

干画法并不是用颜料干涂，水彩着色强调的就是对水分的利用和把控，这并不是单纯为了稀释颜料，而是让颜色借助水分产生各种虚实变化。实际上，在水彩表现的全过程中都要保持湿润的状态，颜料不能过干、过浓和过厚，即便是较深的颜色亦是如此。

湿画法常用于表现天空、水面。用湿画法画天空时，在着色前先用清水将要着色的部分打湿，在水分未干时着色，就会出现水彩特有的“自动扩散”效果（图4-34）。

● 水彩着色是通过不同的干湿程度体现色彩层级和形态层次的。以植物表现为例，第一层水分最多；涂染后约半分钟后画水分略少的第二层，但不能将第一层级完全覆盖；第二层画完后大约两分钟后再画第三层，此步骤开始画出较明显的枝叶轮廓，也同样不能完全覆盖第二层级；第四层开始描绘比较细致且形态清晰的边缘轮廓，这时水分已非常少，而且是在第三层已接近干燥的状态时下笔。这个过程看起来复杂烦琐，其实熟练掌握后可以快速地大面积处理一片区域，适合各类种植和水景表现（图4-35）。

● 铅笔线稿非常适合水彩着色，线条不需要特别深，也不需要十分清晰，依靠水彩的水迹效果能够对表现内容进行二次形态塑造。这又体现出水彩的另一个重要的技法——留白（图4-36）。水彩画面中的留白处理包括：道路、护栏、窗框、建筑边线等，多为较细的线条。另一种留白是笔触之间的空隙，比如树冠、树林、树荫、水面等，大多是较小的点状留白，能够创造灵活、通透、富于节奏变化的着色质感。留白技法需要通过熟练掌握后变为一种用笔习惯，要做到这一点，首先要在头脑中去除“涂满”的意识。

图4-36　留白技法 / 规划方案设计大型鸟瞰图局部

水彩表现的技巧非常多，在这里我们只是归纳一些常见的技法，只要理解其中的特征，加上一定的练习和积累，就会有实际的效果体现。在鸟瞰图着色的时候，这些技法可以有效提升画面效果（图4-37、图4-38）。但是水彩着色并不应该拘泥于一种效果模式，要根据场景尺度、环境特征和主体内容进行变换，包括色调、笔法、虚实效果等。

图4-37　公园景观设计手绘表现

图4-38　景观方案设计中型鸟瞰图

2. 着色步骤与要领

手绘鸟瞰效果图的着色是有一定的“流程”的，需要按步骤进行，通常是按照自下而上的顺序进行。在制定了色调和光源方向后，就可以正式开始。

（1）实例一

第一步　绿地与铺装

首先对绿地进行着色，以草绿色和柠檬黄色为主。因为在很多画面中绿地的占比都比较大，色彩比较浅且相对中性，适合作为基础底色。

接下来对地面铺装进行着色，整体比较暖，色彩的基调为米黄色。也可适当添加一些更暖的颜色，例如纯度不太高的橙色、红色等，虽然与绿地的色彩形成对比，但是由于明度比较接近，纯度都不是非常高，相互之间比较和谐，不仅不会有突兀的感觉，反而会使画面活泼起来。（图4-39）

第二步　建筑

使用更加浅淡的黄色和米色对建筑的亮部进行着色，在局部可以少量添加橙色增加变化。城市主题的鸟瞰图中建筑数量很多，但是在这个环节不需要消耗过多的时间，点到为止，无需像绿地和铺装因怕涂染超出边缘轮廓界限而过分谨慎。

接着表现建筑的暗部以及阴影，这两部分都以蓝色为主，均匀涂染即可，不需要留白。建筑暗部的色彩饱和度不能过高，可以用微量的暖色进行调和，既体现清透的效果，还能创造活泼生动的色彩变化。建筑的投影部分不需要刻意表现，在这个阶段最重要的是保证其合理性，不要出现偏差。

此环节结束时画面的整体着色已经完成一半以上。需审视整体关系是否有不和谐之处，主要表现为色彩对比过于强烈（常见于铺装和建筑暗部、投影），如有则需要在比较“抢眼”的色彩中加入适量对比色进行调和削弱。（图4-40）

第三步　树木

这个阶段开始进行树木着色，采用的绿色深度远大于绿地，是画面中最深的颜色之一。

树木着色大致分两步：先统一涂染所有树冠的底色，包括行道树、配景树与景观树，但三者的色彩要有区别，尤其是景观树的颜色比较丰富和特殊；然后塑造树木的暗部，用更深的绿色或添加群青，加重强调并收整树冠的轮廓，同时还需要添加少许暖色（橙色等为宜）进行适度调和。

树木着色的工作量比较大，不仅涂染的面积大，而且形态轮廓不规则，不仅有成片的树林，还有单棵、组团以及成排的树，容易出现颜色整体过深、过浅或过于单一等各种问题。需要边画边停笔审视调整，所以这个阶段的耗时较长。（图4-41）

第四步　添加细节与色彩调整

这个阶段主要是深入刻画中近景的设计核心位置，如商业街区、广场、码头，或者是游乐园、高尔夫球场等需要专门表现的区域。添加行人、汽车、船只等内容，建筑立面和广场景观树酌情继续细化。这些内容虽然微小但非常必要，是营造气氛的重要元素。

在这个阶段所做的色彩调整都是在原有的基础上增加活泼的点缀，并对画面的内容主次表现再次进行梳理。可以为绿地适当添加淡黄色，以提高整体的色彩鲜明度；如果是高尔夫球场则需要加入更多黄色，使绿地更鲜明；为铺装添加橙色和淡红色，一方面可以突出特定区域，另一方面可以拉开不同区域铺装的色差，增加节奏变化。（图4-42）

第五步　道路与水域

收尾步骤是涂染所有道路、水域和天空。

用淡灰色涂染道路，可以在近景添加以橙色为主的暖色，或者使用与建筑亮部相同的浅黄色，做出近处深远处浅的过渡效果。

水域的颜色也是蓝色，但是纯度高于建筑暗部和投影，不需加入其他颜色。水域的着色也要体现近深远浅的均匀渐变效果，至少需要涂染三遍（层），每遍涂染都要保持充足的水分，不可能一次到位。水域着色是最大难点，因为面积大，在涂染同时还要处理码头的轮廓边界。如果没有十足的把握，可以在另一张空白纸面上单独涂染，单独扫描后用Photoshop与主画面拼接合成。天空的着色也可以按这个步骤进行。（图4-43）

图4-39　第一步 绿地与铺装

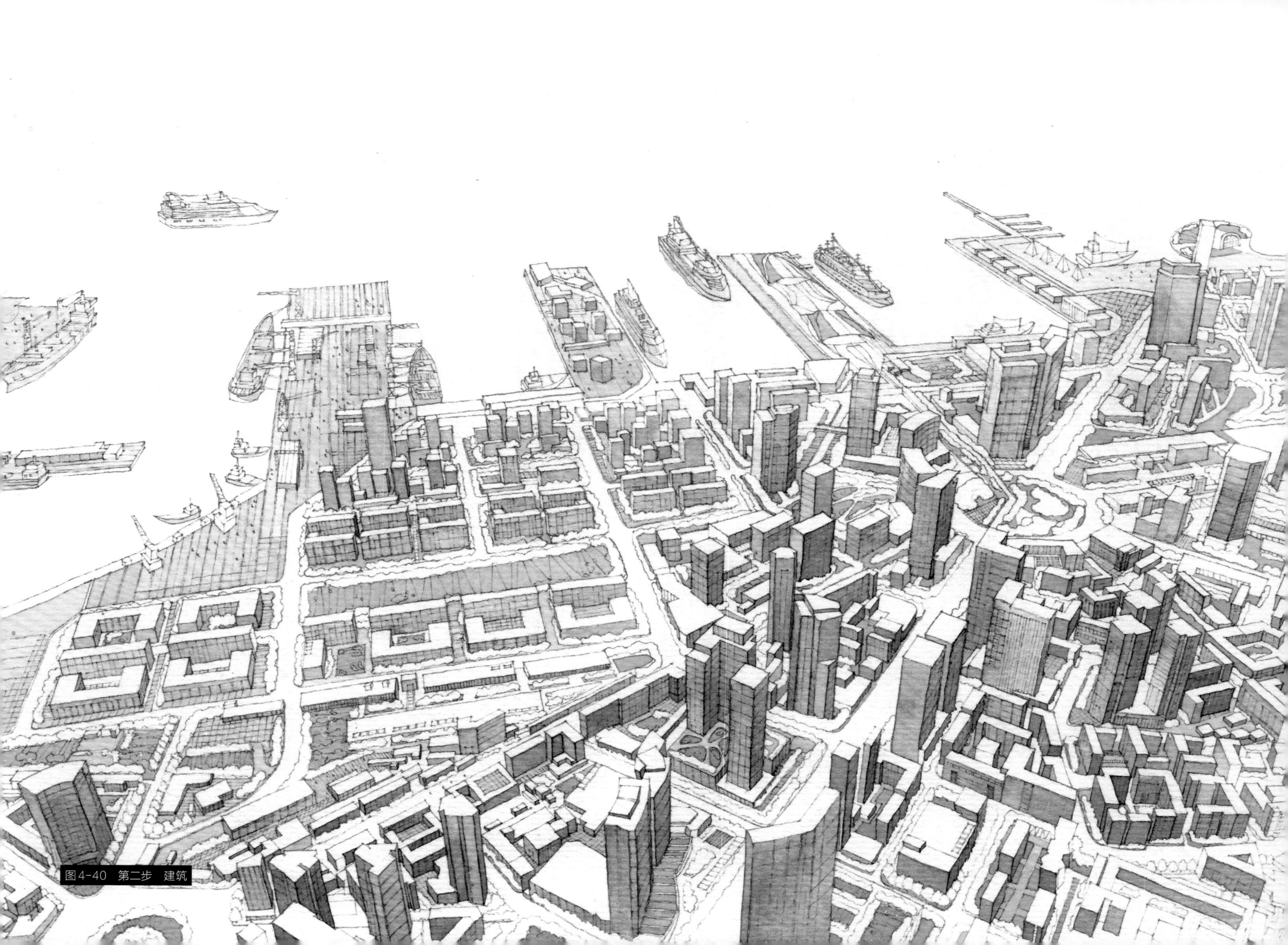

图4-40　第二步　建筑

图4-41　第三步　树木

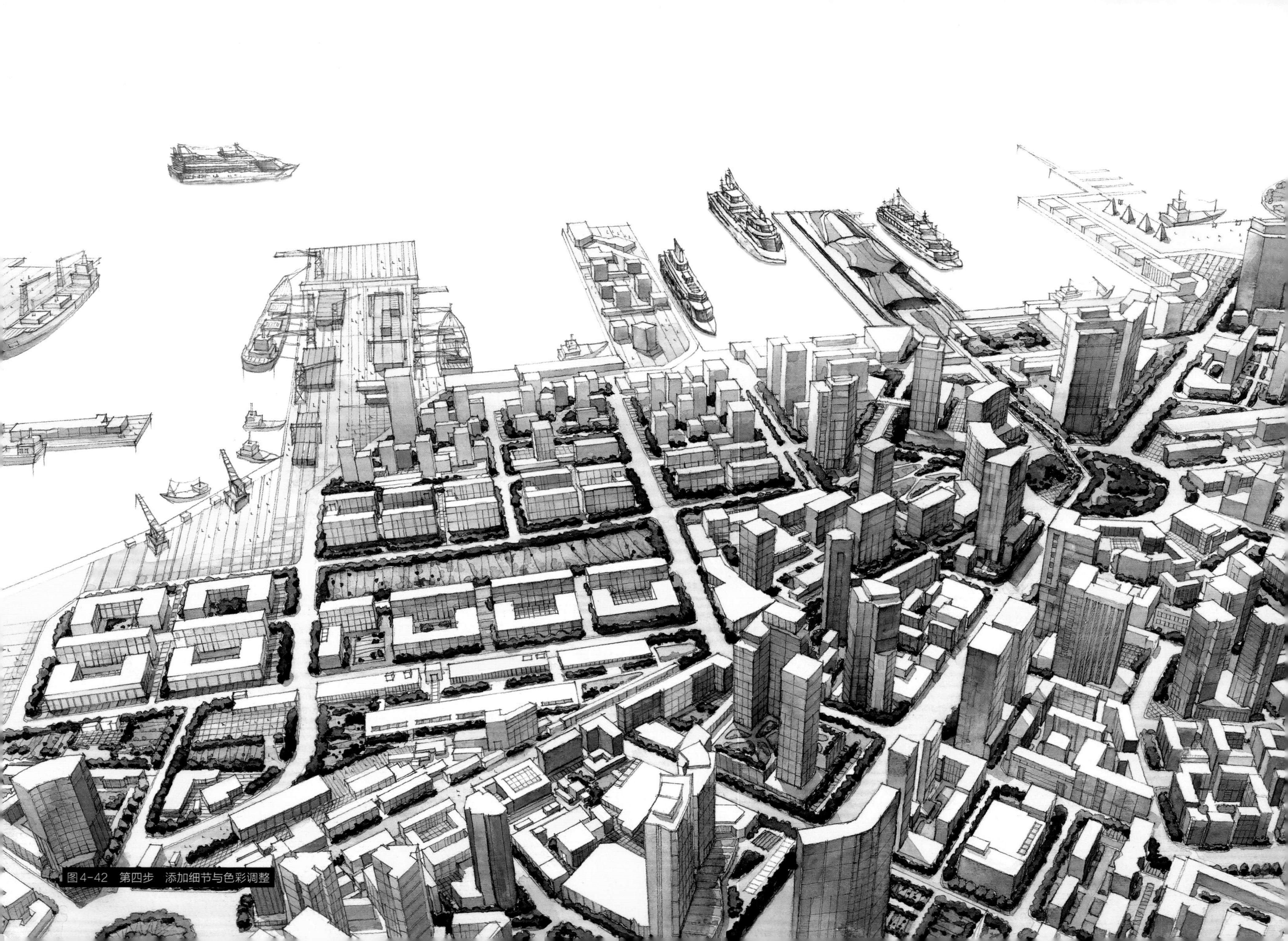
图4-42　第四步　添加细节与色彩调整

图4-43　第五步　道路与水域 / 海港区大型鸟瞰图（水彩）

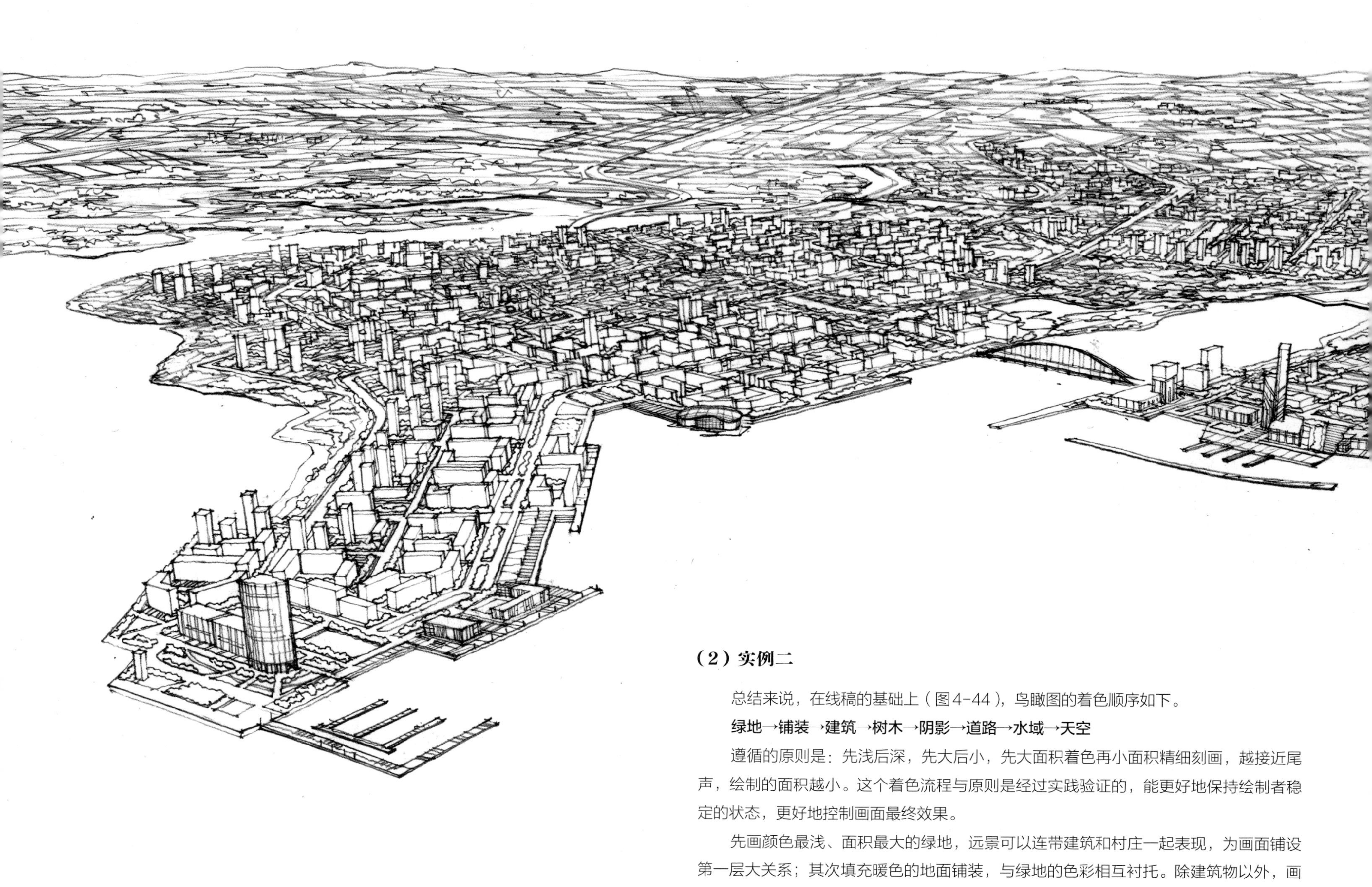

图4-44　底稿（铅笔）

（2）实例二

总结来说，在线稿的基础上（图4-44），鸟瞰图的着色顺序如下。

绿地→铺装→建筑→树木→阴影→道路→水域→天空

遵循的原则是：先浅后深，先大后小，先大面积着色再小面积精细刻画，越接近尾声，绘制的面积越小。这个着色流程与原则是经过实践验证的，能更好地保持绘制者稳定的状态，更好地控制画面最终效果。

先画颜色最浅、面积最大的绿地，远景可以连带建筑和村庄一起表现，为画面铺设第一层大关系；其次填充暖色的地面铺装，与绿地的色彩相互衬托。除建筑物以外，画面大部分的空白被填满，至此，可初见整体效果。（图4-45、图4-46）

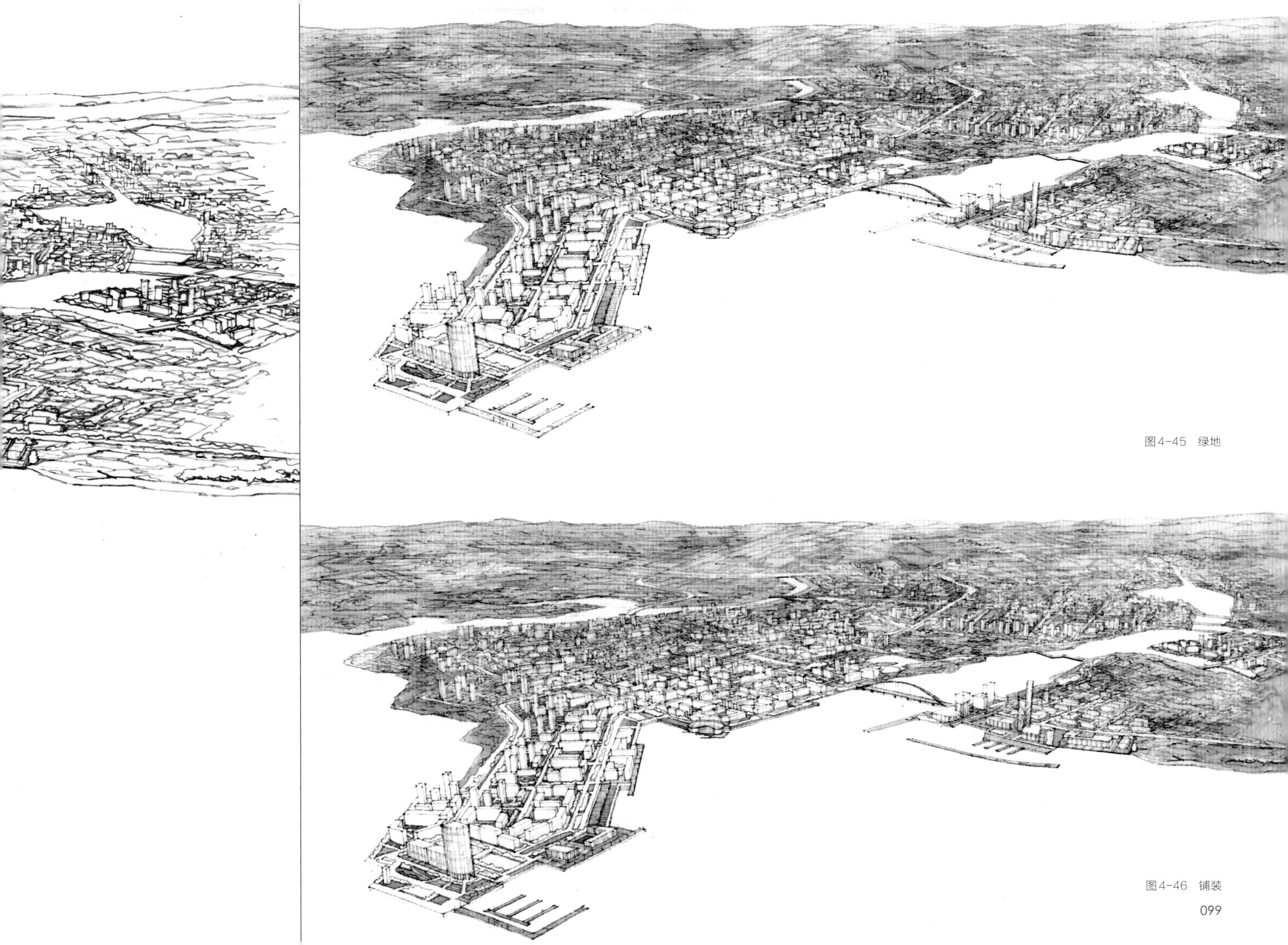

图4-45　绿地

图4-46　铺装

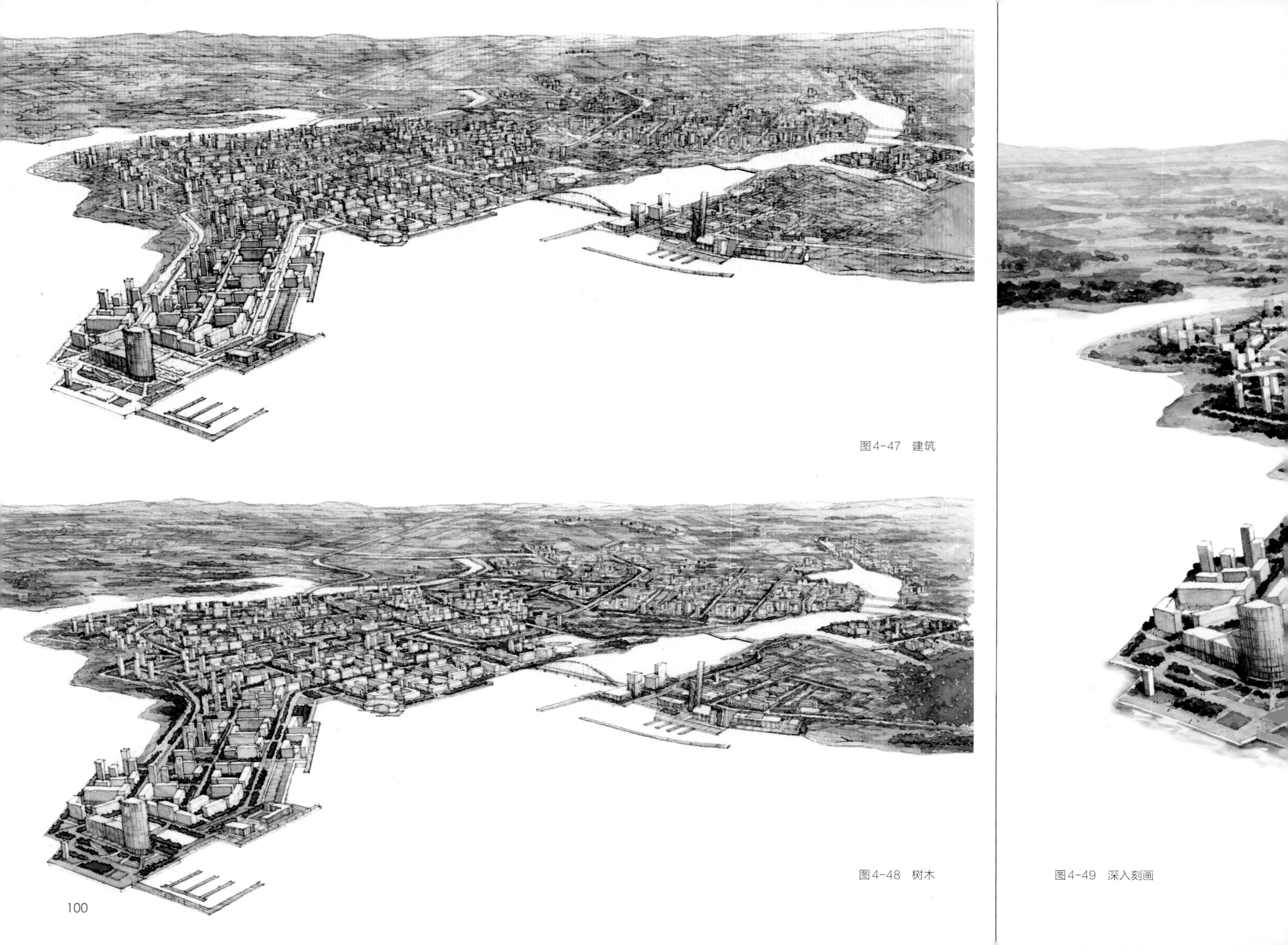

图4-47　建筑

图4-48　树木

图4-49　深入刻画

接着用米黄色、暖橙色与蓝色表现建筑亮面与暗面，在这个阶段，屋顶通常留白处理，但是要适当表现近景和重点区域的建筑物立面；用颜色较深的绿色表现树木，能将道路的轮廓勾勒得更清晰，也能使建筑体块更有立体感。（图4-47、图4-48）

深入刻画阶段大多使用较重的颜色，主要处理建筑、树木的阴影，添加中近景部分的建筑立面以及配景细节，还要调控画面整体色彩，使近景对比鲜明，远景柔和浅淡。（图4-49）

与地面交界线复杂的水面很难渲染均匀，实际工作中，通常是将水面涂染在另一张纸上，再用电脑拼合在完整的鸟瞰图手绘中。水面上的船只、水花也都是用同样的手法添加，以达到最佳的画面效果。（图4-50）

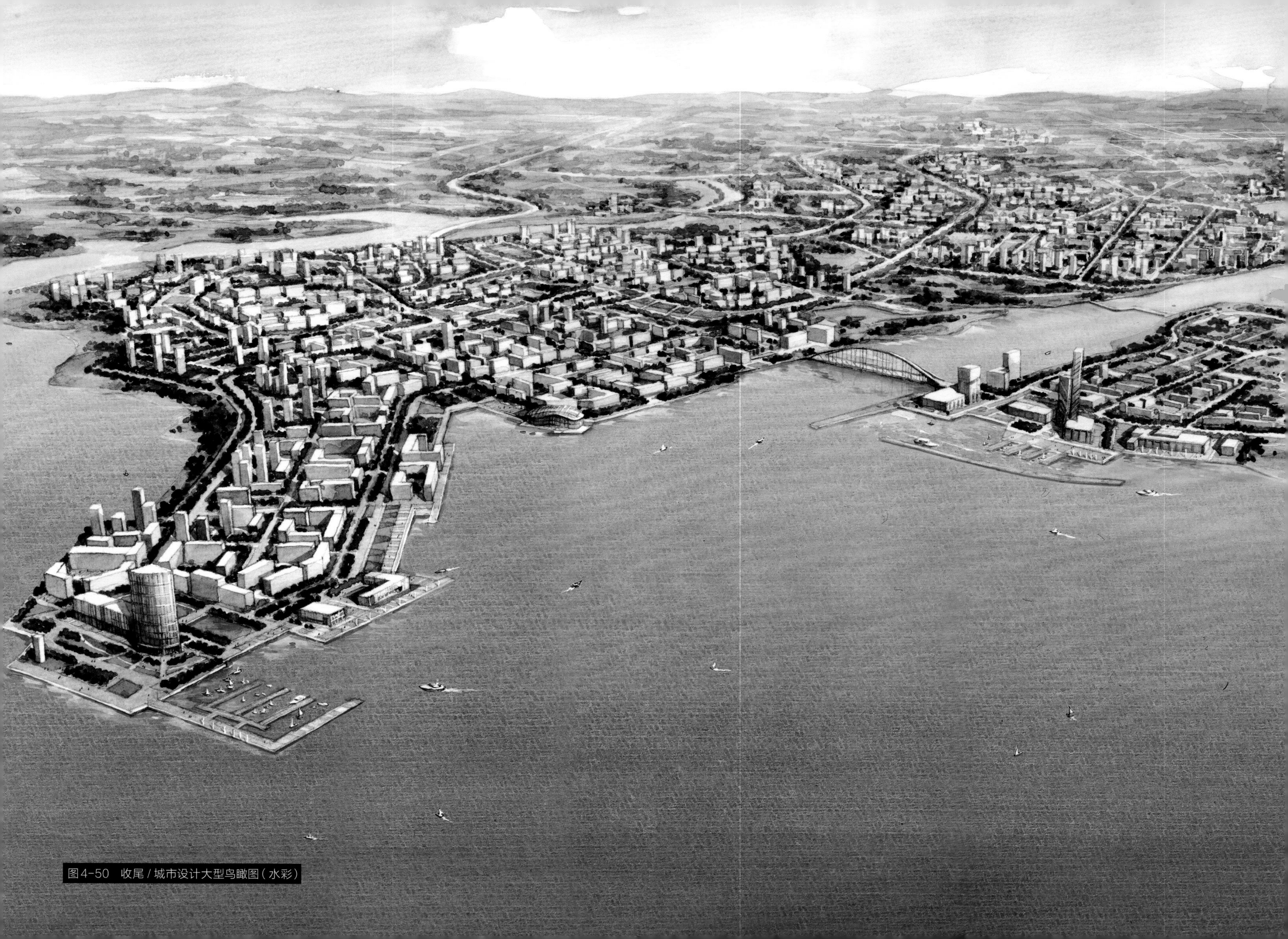

图4-50 收尾/城市设计大型鸟瞰图(水彩)

3. 色调把控

色调指的是一幅画色彩的总体倾向，是大的色彩效果。对画面整体色调的把控是手绘鸟瞰图着色的重点，除去季节主题等特殊表现有明确的色调要求，一般来说都需要绘制者决定画面的整体色调。对色调进行把控，既需要考虑表现对象的客观实际情况，也取决于绘制者的个人色彩倾向和主观意愿（图4-51、图4-52）。

首先，在自然光线下，物体的色彩特征一般是亮部偏暖，暗部偏冷，这也是我们在鸟瞰图着色中普遍遵循的表现原则。手绘表现的色彩关系要遵循客观实际，在写实的基础上创造温和舒适的色彩效果。

其次，鸟瞰图作为大场景表现，虽然主体内容通常是建筑，但实际画面覆盖率更高的是绿地、树林、水域、山体和天空等自然环境。这些内容的画面占比都不低，大都是以蓝绿色为主，还有建筑的暗部和投影也是蓝色为主。因此，如果从实际出发，整体画面色调就只能是蓝绿色调，似乎是“已成定局”，令人无可把控。实际并非如此。在鸟瞰图画面中，建筑及地面铺装大都采用较暖的颜色，与大面积的蓝绿色调形成对比效果，暖色的建筑屋顶以及成片的观花树木也会影响画面的色彩，因此绘制者仍然可以通过多个方面来把控画面的整体色调。

在开始着色时，绘制者就应该通过控制色彩的冷暖程度和饱和度调和整体画面的色彩倾向。比如大面积绿地，使用纯粹的绿色还是添加黄色，呈现的色调就会有差异。不管是选择哪种色调，这种主观处理都需要在开始着色时就同步进行，这就是绘画中常说的“处理色彩关系”。如果绿地的色彩偏重黄绿色，则树林、山体、建筑、铺装等都可以提高暖色程度，即使水域和阴影仍然保留偏冷的蓝色，画面整体也会呈现暖色调。保持画面整体色彩的“平衡”是鸟瞰图着色的基础要求，要从现实生活中选择提炼所需要的色彩，根据对画面场景效果的理解来决定偏冷或偏暖，这种选择主要来自绘制者个人的感受与表达。

图4-51　科技智慧城方案设计中型鸟瞰图（水彩）

图4-52　国际康养度假区设计中型鸟瞰图（水彩）

4. 光源角度调控

光感是鸟瞰图着色的重要效果之一，确定光源的角度是不可忽略的环节，关系到着色的难易程度与最终的整体视觉效果。通常来说，不同的光源角度可以形成无暗部投影、短投影、长投影、逆光四种投影形式（图4-53）。

确定鸟瞰图的光源角度的通常做法是，在参考方案所在的实际地理位置的基础上，根据画面取景与构图特征进行适当调整。要尽量选择接近正午阳光角度下的场景，避免逆光阴影。并控制投影长度，越短越好，缩小暗部在画面中的占比，这样做可以减少着色量，降低失误率，同时避免暗部色彩对画面整体色调的影响（图4-54）。

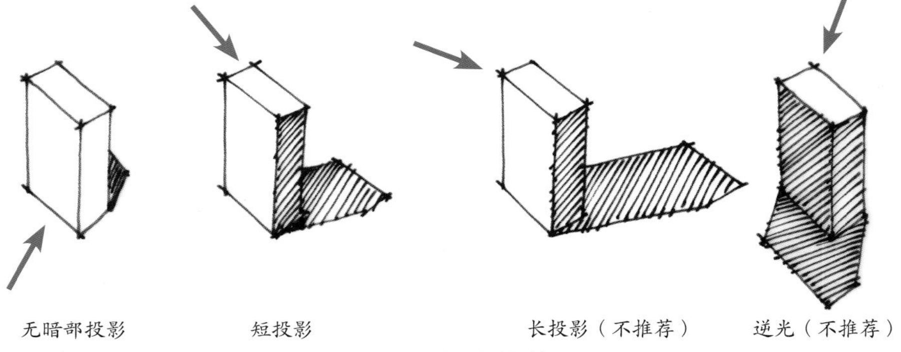

图4-53　光源角度调控

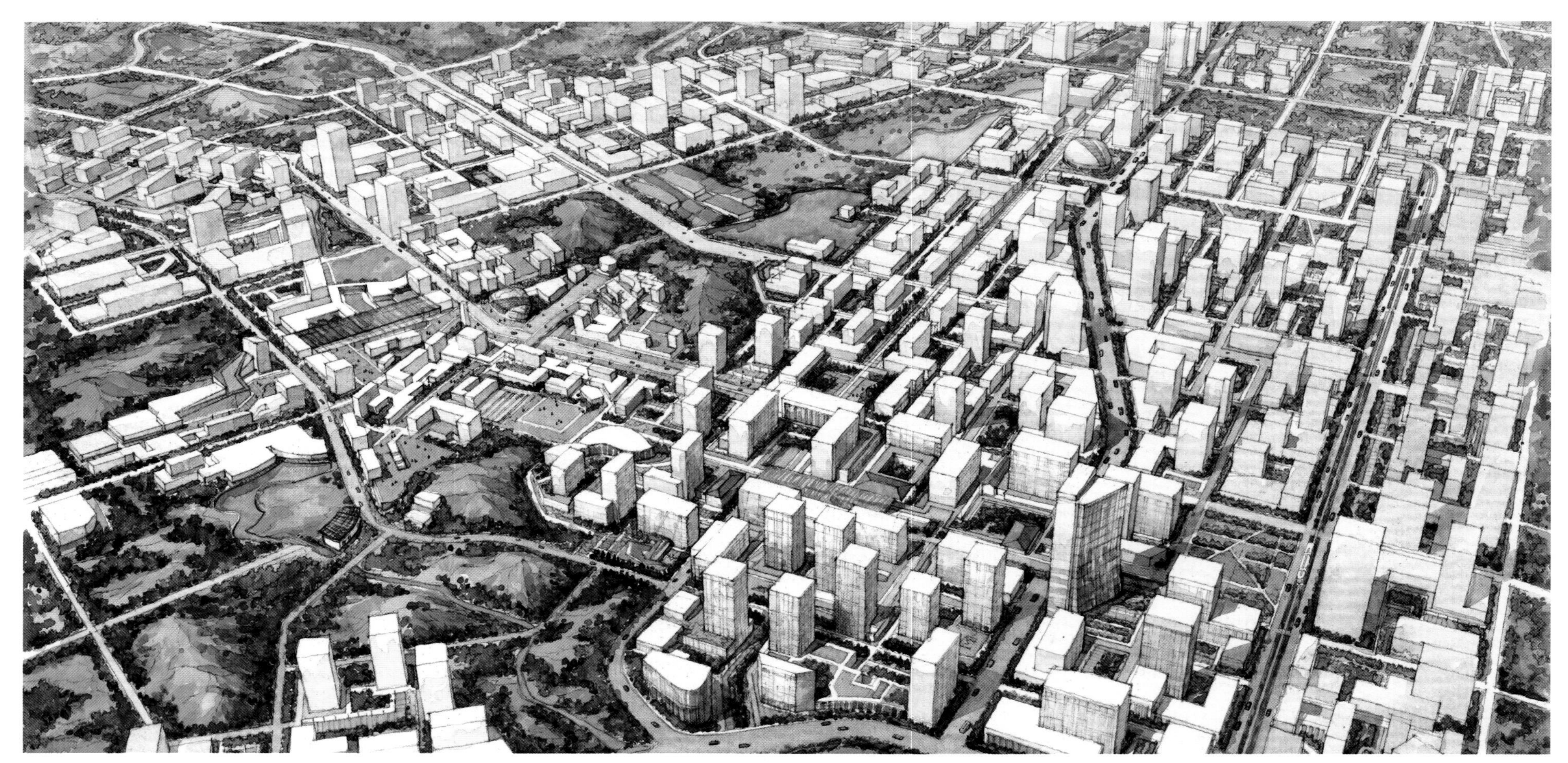

图4-54　短投影 / 创新科技园总体规划设计大型鸟瞰图（水彩）

图4-55　无暗部投影局部示例

在实际工作中，我们推荐“无暗部投影”的光源角度，这是从多年的手绘表现经验中总结出的重要着色技法。

“无暗部投影”的光源角度可使多数建筑的两个立面都保持受光，这样的光源并不会使建筑失去立体感，相反还会因背部的阴影映衬更加突出建筑的轮廓和体块感。当然，这还需要配合立面着色，用色彩的渐变和轻微的笔触加强建筑体本身的变化，同时拉开两个立面之间的差异。此外，周边景观环境也要有一定的配合，如在树木的底端点缀重色，增强着地效果，令整个画面的光影效果更加充实沉稳（图4-55、图4-56）。“无暗部投影”的表现保留了建筑的投影，避免了背光面，建筑暗部的比例缩小，基本呈现出固有色，使画面的整体色彩更加鲜艳，能有效提升画面的观赏性。同时能节省着色表现时间，也降低表现难度，避免失误。

图4-56　无暗部投影 / 国际康养度假区设计大型鸟瞰图（水彩）

图5-1　城市规划方案设计超大型鸟瞰图（水彩）

第5章

画面元素分类表现技法

鸟瞰图中常见的表现内容主要有建筑、种植、水岸、山体、农田等，还有一些丰富画面的特色配景元素，如桥梁、船、车、人等，对烘托画面的氛围起着非常重要的作用。不同的表现内容在线稿和着色阶段有不同的表现技巧。这些技巧要从方案设计和画面的空间进深关系两个方面来理解和应用。

1. 建筑

建筑是鸟瞰图中最主要的表现内容，通常是以组团形式呈现，功能和造型各异。近景、中景和远景的建筑有不同的表现技法（图5-1~图5-3）。

表现中近景的建筑组团比较强调建筑的轮廓造型，一般会做适度勾边处理，立面以横纵线条概括表现玻璃幕分割线或楼层。表现近景建筑时比较详尽，内容更加丰富，不仅要将屋顶造型以及建筑立面内容，如窗体、入口、雨搭元素等如实表现出来，另外还要细致地配置环境元素，虽然不是极其精细的表达，但也不能过于概括或随意取舍。表现远景的建筑则采用概括性体块的方式。

作为画面主体的建筑组团，有些是方案中已经明确造型的，而有些则需要绘制者“即兴发挥”。为了凸显主体地位，通常对屋顶造型进行比较细致地表达，而其他建筑则处理为平顶。但是对机场、体育馆、剧院、博物馆之类具有特殊功能的建筑，不论处于中景还是近景，都需要描绘顶部造型，明确风格特征，不能过于概括。

在不同规模类型的鸟瞰图中，对建筑的表现要根据实际情况分级处理。在大型鸟瞰图中，侧重表现不同建筑组团特征，旨在强化主体组团，拉开画面节奏和层次关系。而在中、小型鸟瞰图中，更注重表现建筑的轮廓造型及周边的环境元素。

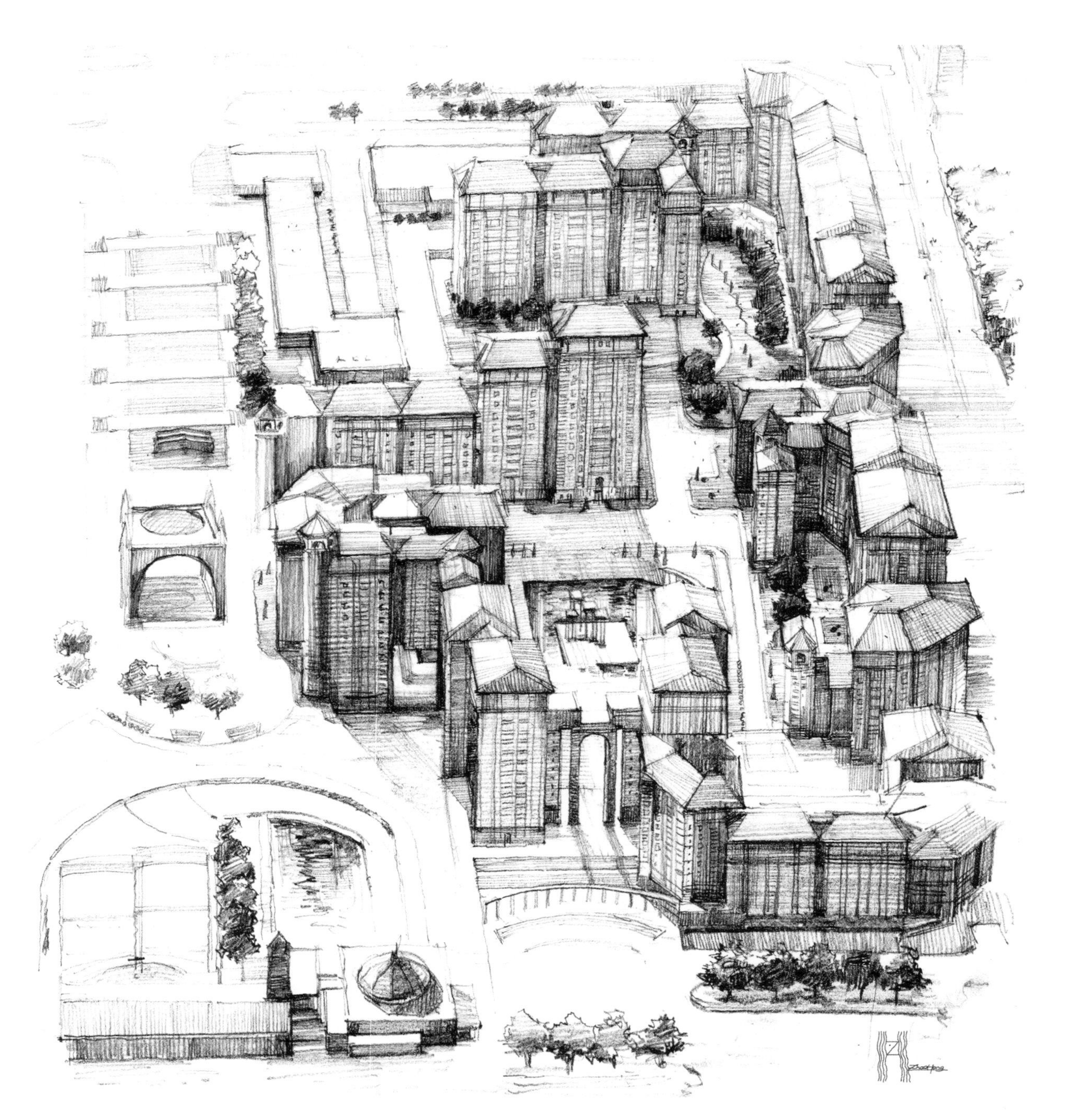

图5-2　住宅区规划设计方案表现（铅笔）

图5-3 创新科技园总体规划设计大型鸟瞰图（水彩）

（1）地标建筑

鸟瞰图常以星级酒店、商业中心、大型购物中心等地标建筑作为画面的核心表现内容（图5-4~图5-7）。地标建筑一般都造型独特，能在画面中脱颖而出，周围建筑均成为陪衬。地标建筑的形态一般都会有明确的设计方案，不能随意发挥。

在绘制中首先需要准确描绘其形态与结构特征，强化外形轮廓，做加重或者勾边处理。尽可能描绘立面细节，不能过于概括。作为画面的“中心”，地标建筑的尺度调控是关键——不必完全遵照方案尺度，可将其高度做微量提升，使其视觉效果显得修长、苗条，在画面中更加醒目；根据造型的不同，有些地标建筑也可以按原比例整体增加尺度，以强化其重要地位。这种形态和尺度的主观处理是一种技巧，也是手绘的自由优势体现，其程度和效果在于绘制者的审美能力和对画面的整体把控意图。

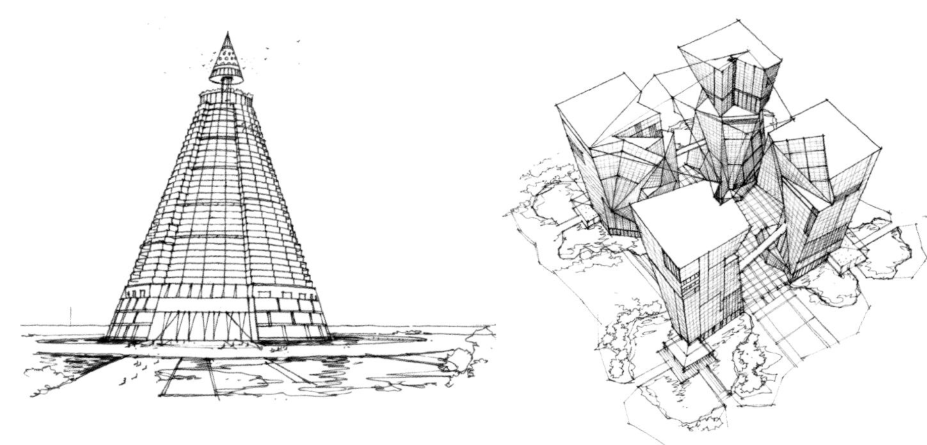

图5-4　地标建筑（一）

图5-5　地标建筑（二）

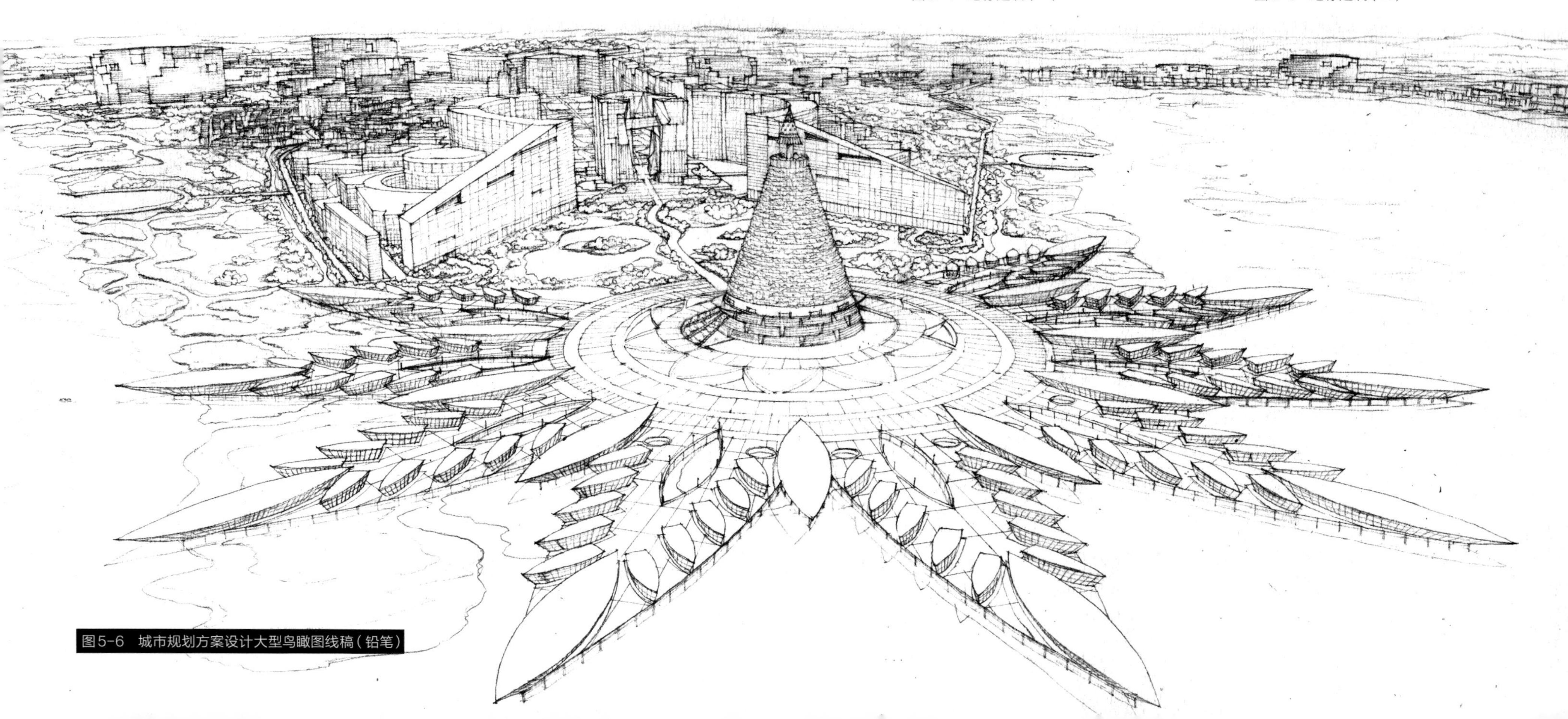

图5-6　城市规划方案设计大型鸟瞰图线稿（铅笔）

图 5-7　城市规划方案设计中型鸟瞰图（水彩）

（2）商业与办公建筑

在城市规划鸟瞰图中，商业与办公建筑是占比比较大的建筑类型。这类建筑通常呈规模化组团形式，不仅占据画面的较大面积，也往往是主体内容的重要组成部分。

中高层的商业与办公建筑在近些年的CBD商圈规划中最为多见，通常位于画面的中、近景，多为地标建筑的陪衬，其体量感构成画面的核心（图5-8、图5-9）。这类建筑的立面多为玻璃幕墙，风格与造型近似，主要变化在于高度和体量，建筑顶部也会略有不同，表现时要强调统一性，但不要完全一样。

近景的建筑立面需要勾勒比较丰富且规则的分割线，线条密度较大，且不同建筑的分割形式应有所区别。裙房部分是表现难点，一方面是造型的变化丰富、高低错落，另一方面是入口及周边环境需要细致刻画。临街商业、通廊以及屋顶花园也是这类建筑组团中经常用到的表现元素。

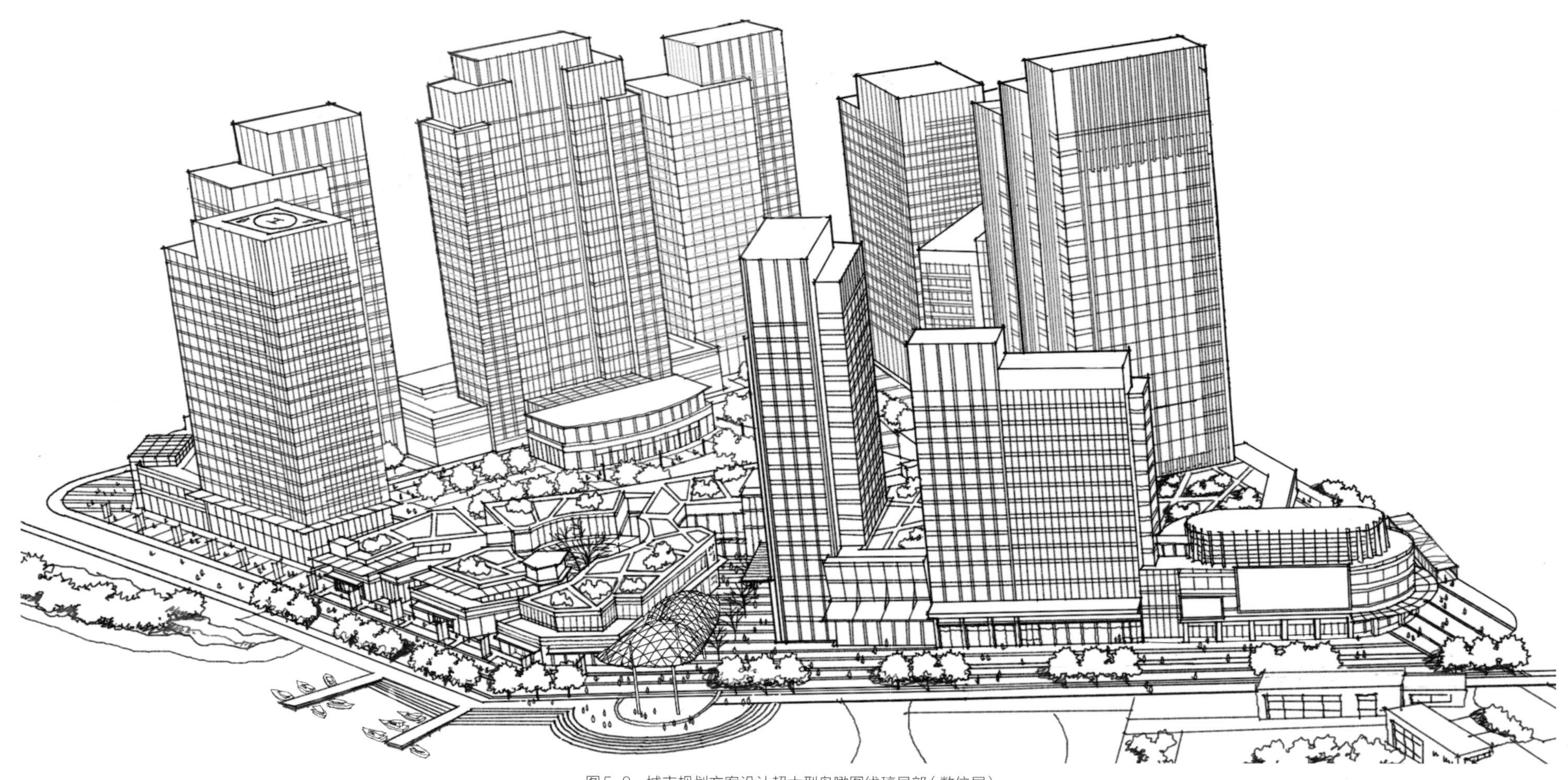

图5-8　城市规划方案设计超大型鸟瞰图线稿局部（数位屏）

图5-9　创新科技园总体规划设计大型鸟瞰图（水彩）

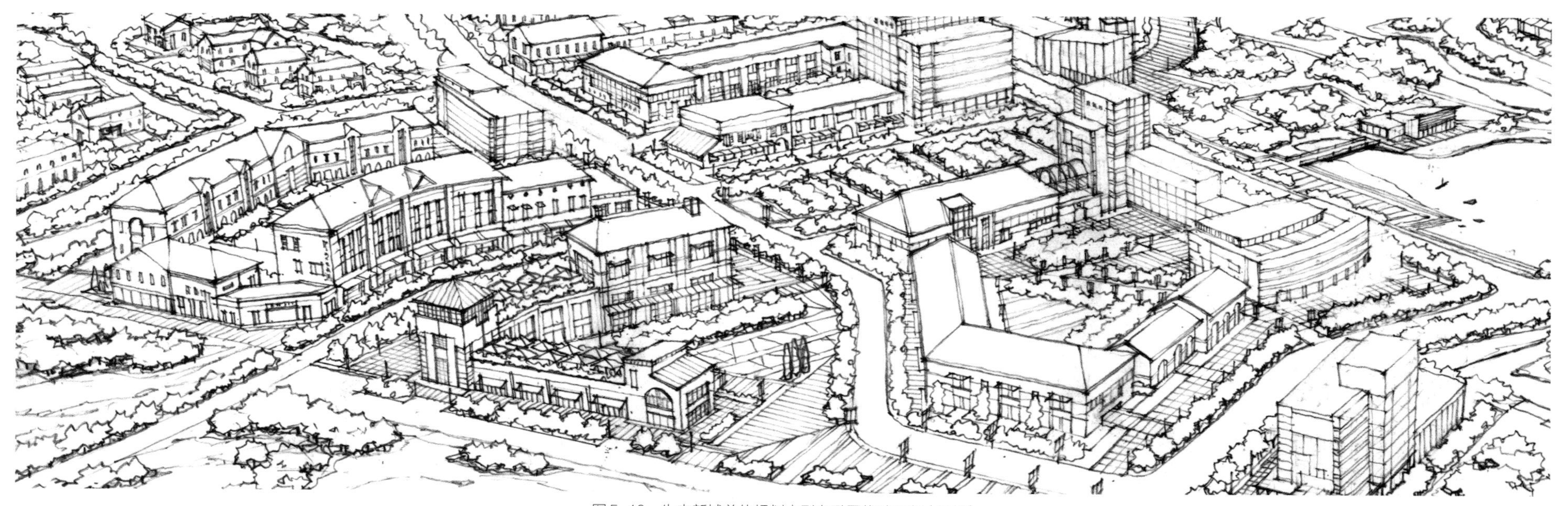

图5-10　生态新城总体规划中型鸟瞰图线稿局部（铅笔）

中低层的商业办公建筑常见于商业街、产业园区以及滨水商业建筑群等（图5-10~图5-12）。

这种层高的商业建筑大多是坡顶造型，主要特色在于屋顶的多变，组合在一起具有独特的美感。其中较为常见的是四坡水形式，是表现中的难点，容易出现透视偏差。坡顶建筑比较注重造型轮廓，材质则大多通过着色表现。如果没有具体的建筑方案，需要即兴表现，连续较长的坡顶就应该适当添加一些局部造型变化、如老虎窗、通风管井（烟囱）等，以强化其风格特征。坡顶建筑不仅包括商业、办公建筑，也常常用于住宅建筑，中式建筑与西式建筑的屋顶颜色和造型各具特色，需要加以区分。

为了营造商业气氛，建筑空间造型特征的表达要清晰明确，添加通廊空间、遮阳棚以及立面拱形窗等内容。特别要加强建筑沿街的立面处理，如窗体或玻璃幕分割线需要细致表现，不能过于概括。屋顶平台是比较重要的位置，从鸟瞰的角度来看，遮阳伞的效果最为突出，配合种植和户外家具可以很好地营造商业氛围。

中低层商业办公建筑组团的周边环境表现也是非常重要的，常见的有广场、步行街等，不同区域的铺装样式变化要丰富。同时添加水景、树池、花坛等常见景观元素，在人行道路附近还要布置路灯、广告牌等来渲染商业气氛。

产业园是近些年的规划中普遍出现的，也多为科技孵化、文化艺术等功能类型的低矮商业、办公建筑群组。其特征是建筑体量、高度比较统一，形态变化不多，但排列组合比较紧密，特别是一些厂房或仓库改建的项目，顶部和立面形式相对比较简单，不易体现功能和图面效果，所以较注重通过添加配景来塑造园区内部的环境氛围。

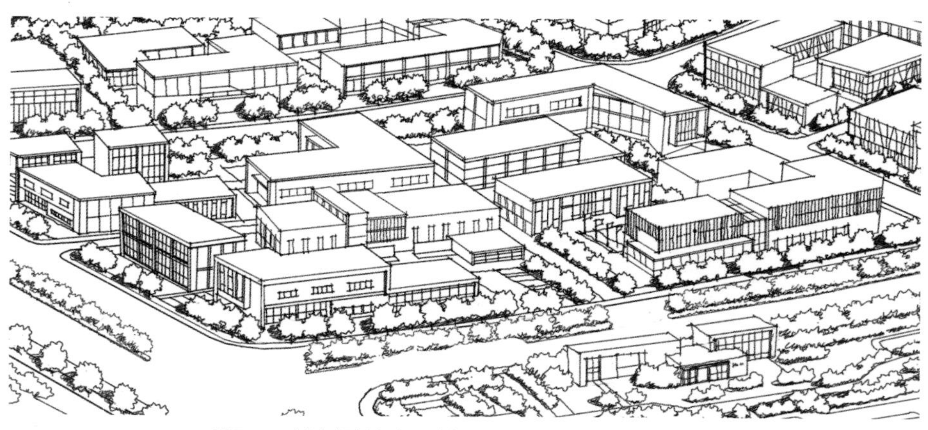

图5-11　城市规划方案设计超大型鸟瞰图线稿局部（数位屏）

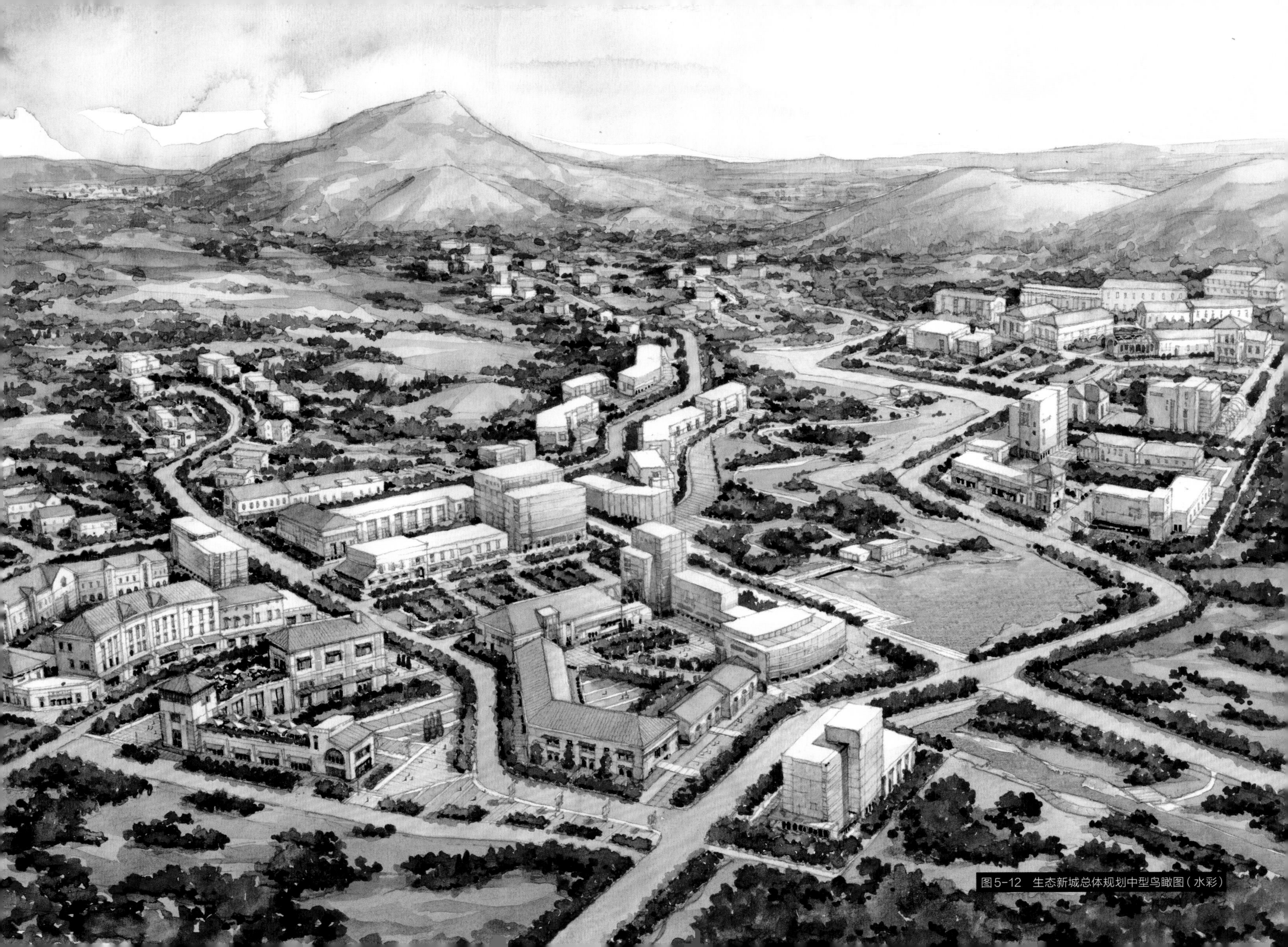

图5-12　生态新城总体规划中型鸟瞰图（水彩）

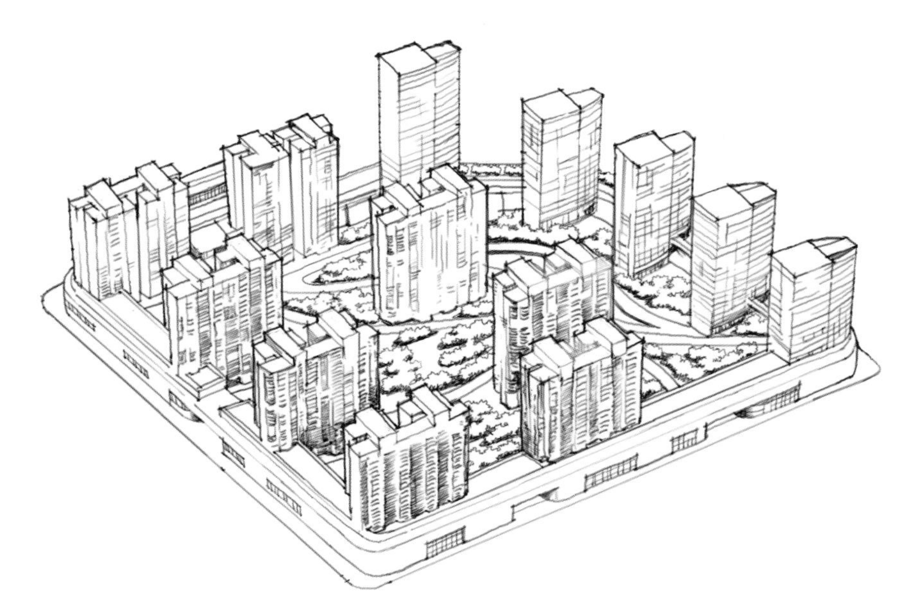

图5-13　住宅区规划设计大型鸟瞰图线稿局部（数位屏）

（3）住宅建筑

住宅建筑也是中大型鸟瞰图的主要表现内容，面积占比最大，主要体现为别墅、多层、小高层、高层和超高层几种建筑形式。

住宅建筑的特点是数量密集、形态统一、排列规则。表现时比商业建筑更加概括，主要遵循“头重脚轻，上紧下松”的要领。意思是集中表现建筑上部，往下则呈现逐渐省略的效果，这样既符合鸟瞰视觉特征，也能打破均衡、呆板的格局，在统一中创造节奏变化。在绘制线稿时，主要表现建筑顶部的造型轮廓特征，体现其设计风格，但是不必做过多的细节刻画，对建筑体块的整体外轮廓做勾边处理，以加强形体区分，线条色彩上重下浅（图5-13）。

住宅组团的密度都比较大，特别是高层住宅往往会出现粘合的重叠效果。除勾边处理加以区分之外，还要区分前后建筑立面的表达，后方建筑的立面线条越往下越浅淡，并且逐渐省略概括，与前方建筑形成反差（图5-14）。

图5-14　住宅区规划设计超大型鸟瞰图线稿局部（数位屏）

图5-15　现代服务产业园规划设计大型鸟瞰图（水彩）

住宅建筑的立面是规则且密集排列的窗体，不同于商业办公建筑立面的大面积玻璃幕墙，这些窗体数量过多，如果逐一刻画和表现，不仅工作量太大，也会造成画面凌乱。常见的做法是用楼层线进行横向分割，概括地表现立面的层高，不需要特别精确，同时添加纵向线条增加立面的变化效果。对位于近景的住宅建筑，可以挑选一部分画出比较细致的窗体，并且也只画从顶部向下的几层，然后逐渐消隐，不需要全部画出。（图5-15）

即便是同在中景区域的住宅建筑，立面表现也不能完全一样。画面中心部分的建筑立面画楼层线，向两侧延展的建筑则逐渐消隐，只表达体块轮廓，或者根据不同组团进行区别表达，目的是为了在密集、均衡中创造一定的节奏变化。（图5-16）

住宅建筑组团的外层毗邻道路，底部通常有裙房，但立面比较简单，没有商业办公建筑的裙房那样形态多样。表现时通常用行道树遮挡，适当露出少部分窗体或立面造型。（图5-17）

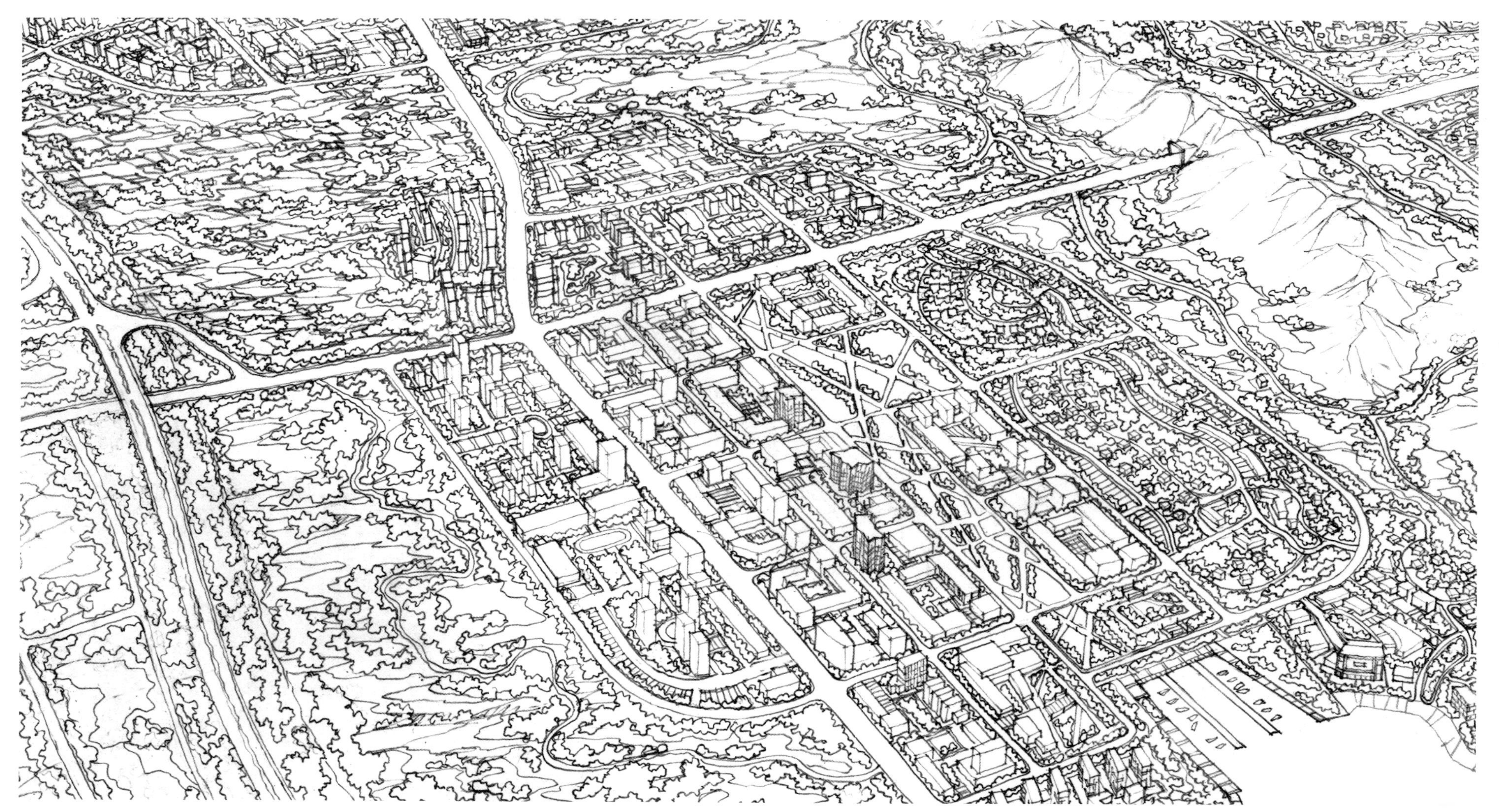

图5-16　城市设计大型鸟瞰图线稿局部（铅笔）

图5-17　城市规划设计大型鸟瞰图（水彩）

（4）别墅

别墅是不同于普通住宅的建筑（图5-18~图5-20），多毗邻水景或高尔夫球场，重点描绘的是周边环境。别墅比较低矮，体量较小，在鸟瞰图画面中不占优势，无法充分体现品质，所以一般不置于画面近景。别墅的排列密度比较低，但重复性很高，因此需要重点表现顶部形态。大多数采用坡顶，同时以暖色为主色调，与周围的绿色环境形成鲜明的对比。在中大型鸟瞰图中，对于别墅的立面可概括表达，包括院落区也不需添加细节内容，以避免造成杂乱。

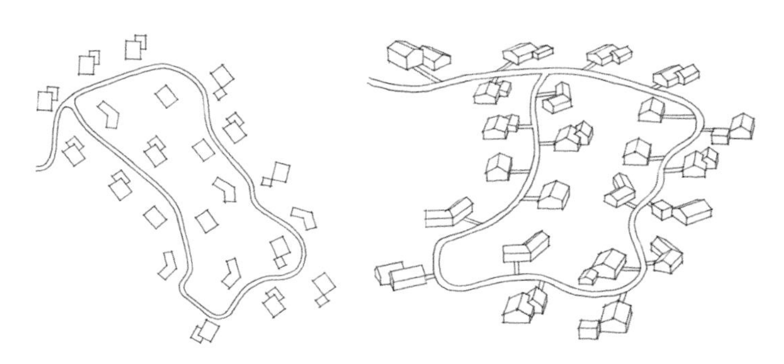

图5-18　别墅区规划设计平面图与示意图

图5-19　别墅区规划设计中型鸟瞰图局部（水彩）

图5-20　旅游度假区规划超大型鸟瞰图局部（水彩）

（5）其他建筑类型

在鸟瞰图中还有一些特殊的建筑类型（图5-21~图5-25），常见的有游乐场、美术馆、停车楼、地铁站、码头等，还有一些体量较大的景观构筑或雕塑。这些内容在表现时需要参照方案设计和相关资料，在线稿绘制中一般不能做概括性表达，需要明确其功能与形态特征进行较细致的表现。还要添加必要的环境和配景细节，如地铁站周边要有人群配景，船坞码头需要停靠游船等，本书就不对这些内容做逐一说明了。

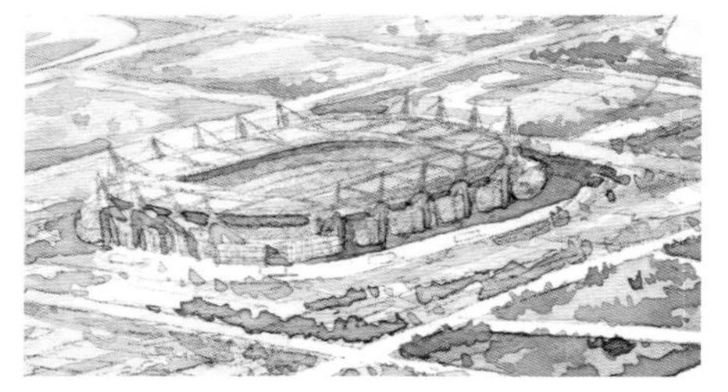

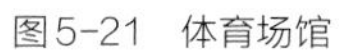
图5-21　体育场馆

图5-22　航站楼

图5-23　城市设计小型鸟瞰图夜景（透明水色）

图5-24　环球主题公园及度假区规划设计超大型鸟瞰图（水彩）

图5-25　万国建筑博览园方案设计超大型鸟瞰图（水彩）

2. 种植

鸟瞰图表现的主要种植内容是乔木、灌木和绿地，偶尔也有观花树木或者大面积的花田和稻田。

鸟瞰图中的树木表现主要是针对乔木。因为乔木具有一定的高度，不同于二维化的灌木和绿地，在画面中有遮挡作用，而且以丛、林、阵、线等各种形态出现，所以在画面中占有很重要的地位。手绘中的树木表现对学习者来说是难度较大的，主要因为其形态不易把握，也无法借助尺规表现，所以需要了解树木画法的要领，并进行一段时间的持续训练，才能较熟练地掌握。

图5-26　人视点画面中树木的表现步骤

鸟瞰图的树木与一般人视点画面中的树木（图5-26）不一样，不需要表现树木最难画的分枝部分，甚至看不到树干，只需要对树冠和树影进行表现，因此只要掌握轮廓的表现方法即可。在鸟瞰图中，绝大部分树木表现都是成“片”或成“线”的，所以表现时也要将树木像“棉花团”一样连在一起（图5-27），而不是一棵一棵地画。对于成排的树木还是要加以区分，特别是近景部分，大家可参照图5-28进行练习。鸟瞰图中其他植物配景，如灌木、花草丛、花田、稻田，由于单株植物体量很小，不需要做独立的分类表现，表现方法与树丛基本一致，只是阴影的比例更小，着色时使用不同色彩来加以区分即可。

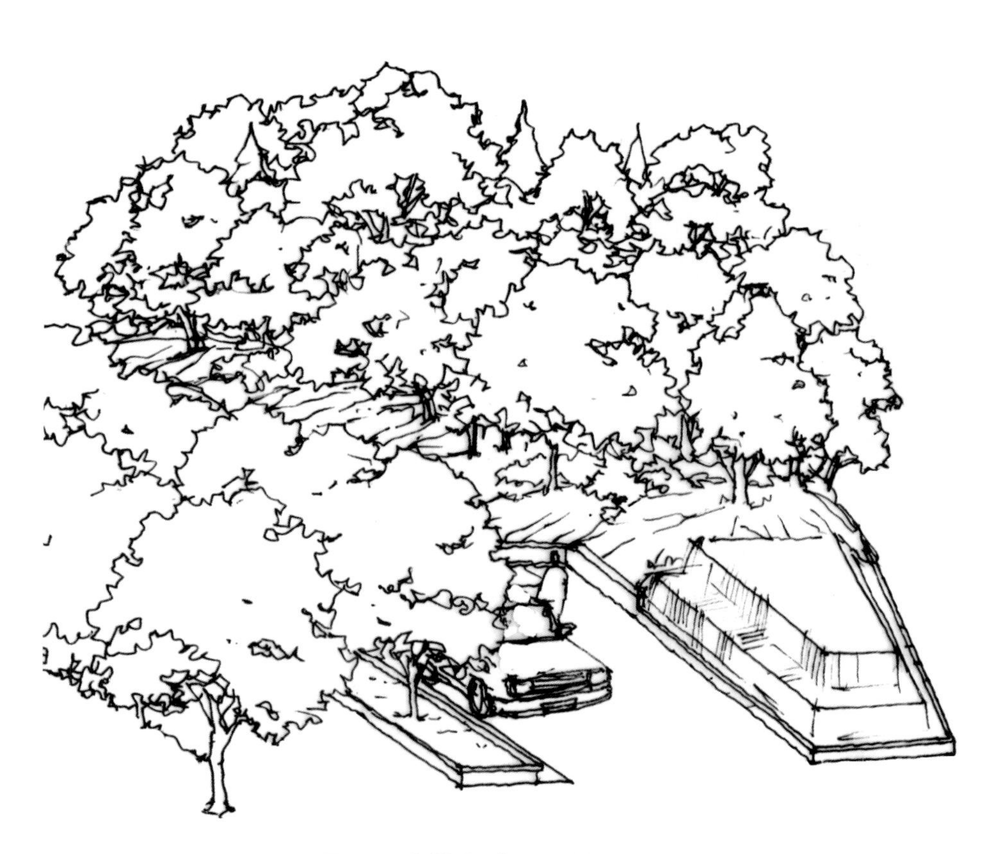

图5-27　像“棉花团”一样把树连在一起画

图5-28　社区景观设计小型鸟瞰图（透明水色）

鸟瞰图中的树木主要分为三类：行道树、景观树和配景树，表现时侧重排列和组团形式特征，并不需要过多的细节刻画。

（1）行道树

行道树主要用来划分区域的边界，呈队列状，要连起来画，形状饱满，富于变化。不论有几排，都要明确区分队列，目的是突出“线”性的序列特征（图5-29~图5-32）。

行道树遍布于画面各处，其尺寸大小是表现景深变化的重要元素。近景的行道树间距较大，为了增加画面效果，局部可以将间距表现出来，但要适可而止，不要过多表现。同景深的行道树除了大小变化，还要注意区分形态轮廓，中近景的行道树的外轮廓凹凸比较明显，分布较为均匀，中远景的行道树则更连贯，凹凸更平缓。

为了强化行道树的形态连续性，加强所在区域的边界轮廓，在绘制线稿时要加粗底部线条，在着色时也要用重色表达阴影，增强立体感。

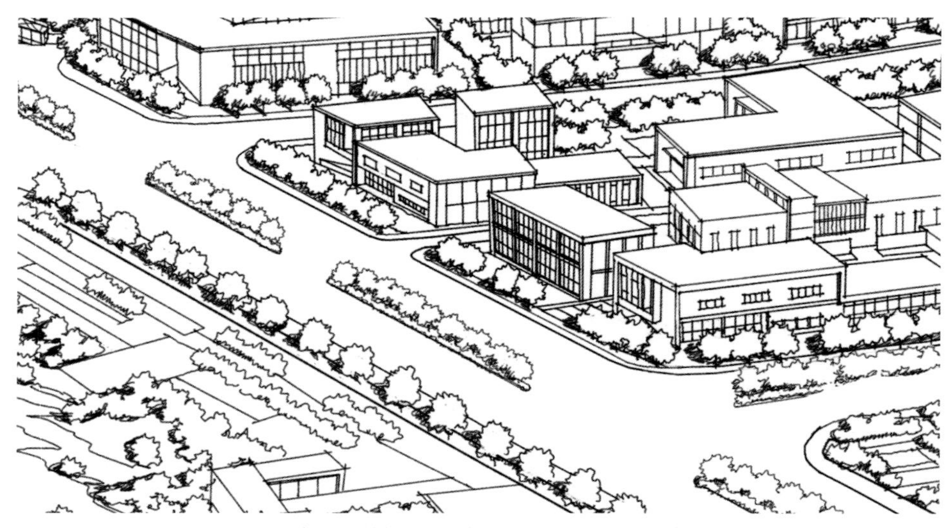

图5-30　中景行道树/城市设计超大型鸟瞰图线稿局部（数位屏）

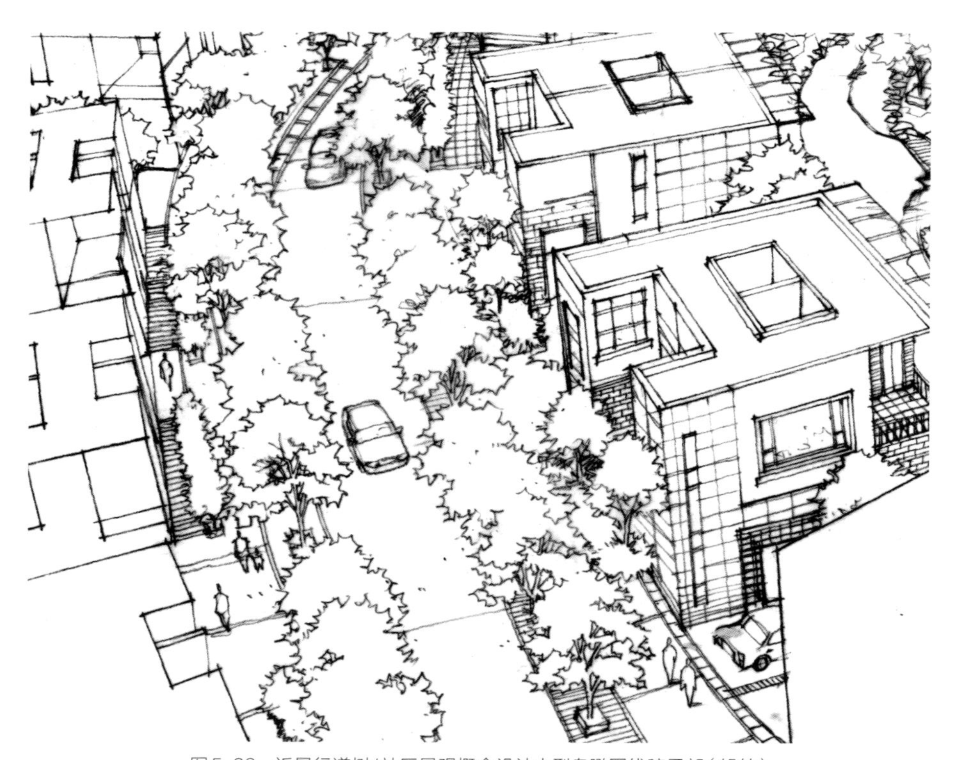

图5-29　近景行道树/社区景观概念设计小型鸟瞰图线稿局部（铅笔）

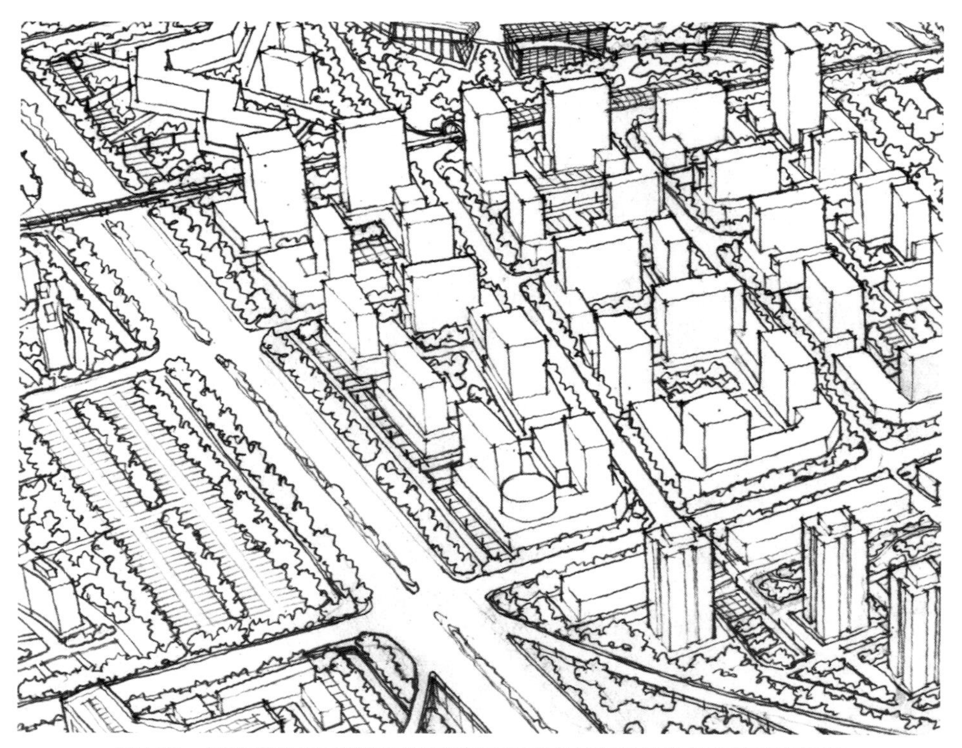

图5-31　中景行道树/区域控制性详细规划与重点地段城市设计鸟瞰图线稿局部（铅笔）

图5-32　区域控制性详细规划与重点地段城市设计大型鸟瞰图（水彩）

（2）景观树

景观树一般布置于城市广场、社区入口或商业街等地，多为树阵形式，或为特殊形态和色彩的树种。在鸟瞰图中，景观树大多安排在近景位置，是景观方案设计的核心和表现空间场景氛围的重要元素（图5-33、图5-34）。

景观树的外形轮廓要比近景行道树更加清晰、更加细致，线条的动感更突出。近景中单独的景观树通常是重要的设计内容，其体量要明显大于周围树木，形态不受限制，笔触要丰富，后期着色时也要单独处理。

景观树多以队列、阵列形式出现。树冠不要画成饱满圆润的球形，要略微偏“瘦”，略呈梯形或三角形，这种效果较其他类型的树木更加突出。排列的景观树不需要一棵一棵地画，但也不能像行道树那样过于概括，可以用笔触在每棵树，或两三棵之间略微加以区分，增加变化，加强景观树的个体独立感。

景观树周围的环境往往与众不同，如树池、座椅，以及特殊的地面铺装等，使其效果更加突出。

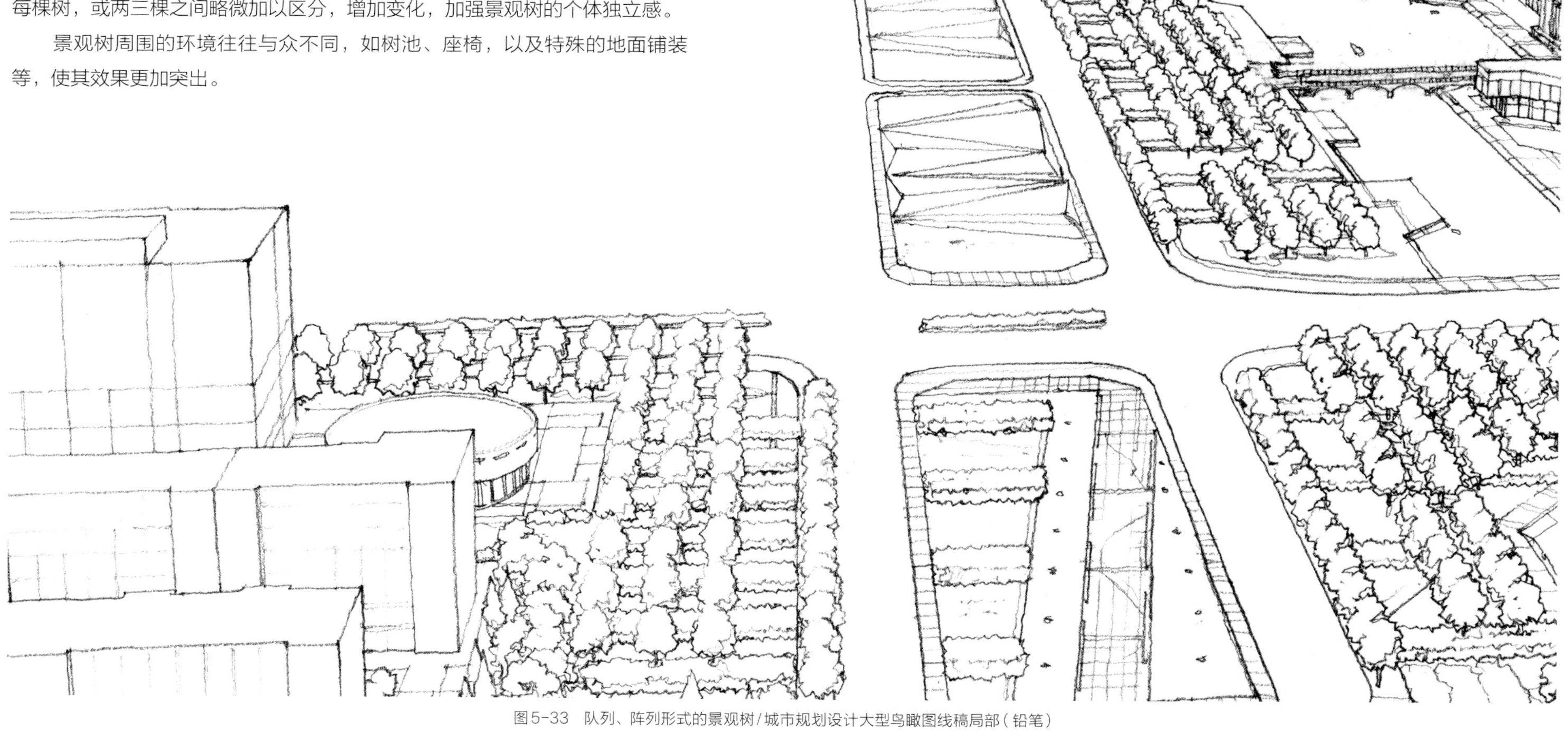

图5-33　队列、阵列形式的景观树/城市规划设计大型鸟瞰图线稿局部（铅笔）

图5-34　城市规划设计大型鸟瞰图（水彩）

（3）配景树

配景树是鸟瞰图十分重要的画面构成内容（图5-35~图5-37）。被称为“配景树”，是因为在绘制中其外观形态、所处位置等可以相对自由地调配，可以零散点缀，也可以成片填充，是一个“自由元素”。配景树并不都是来源于方案设计，但却是鸟瞰图表现时不可或缺的植物元素。

配景树多为树林形式，在湿地、山地和滨水类的鸟瞰图中更为常见。在表现时要强调不规则的外形轮廓，表现动感，切勿过于规整。虽然面积大，但并非整体覆盖，在中间要有节奏地留出空余的地面。从另一个角度理解，就是分成多个大小、形态各异的组团，组团之间可以独立，也可以联合，还可以点缀零散的树木，这样的效果非常自然和真实。在建筑比较少的地块中，配景树与行道树有时会采取相互“融合”的表现方式，突出种植覆盖效果，而不强调秩序感。

面积较大的配景树多用于画面近景，通常配置于画面的边角，目的是加强画面围合感，使画面更加稳定，在后期着色时，其色彩也比其他树木更重。体量比较小的配景树一般以零散的小组团形式出现，多用于公园绿地、水体周围或地形变化的部位，主要遵循边缘布置的原则，增强其围绕的设计内容的外形轮廓。

在不影响方案表达的情况下，配景树还可以配置到建筑群之间的绿地上，以小组团甚至是单株的形式，增加区域内的种植比例，使画面效果更加丰富。

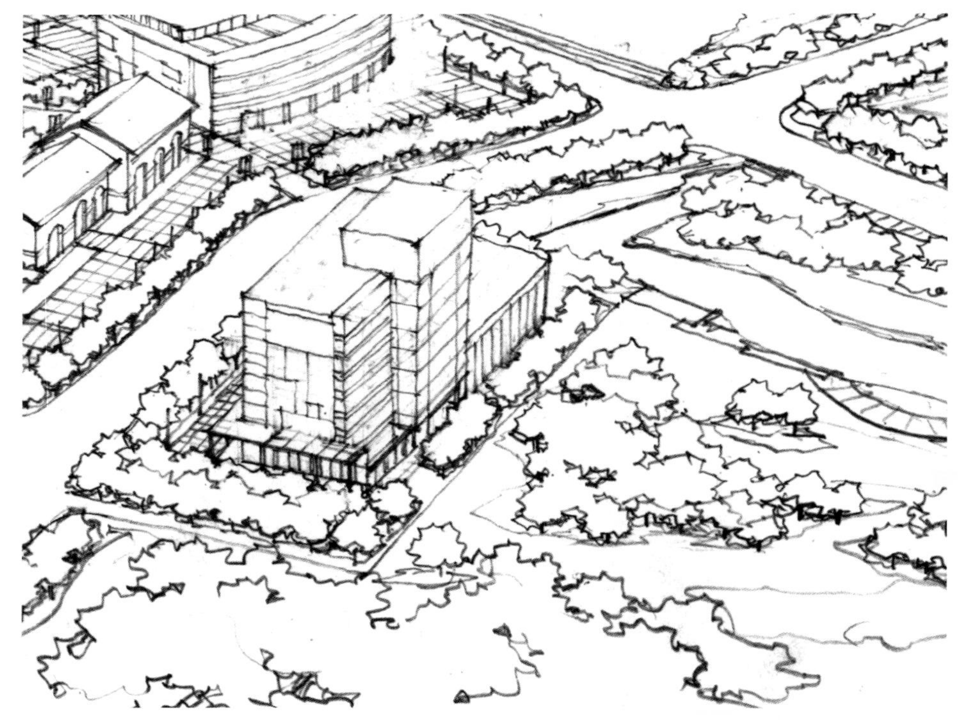

图5-35　组团的配景树/生态新城规划中型鸟瞰图线稿局部（铅笔）

图5-36　树林形式的近景配景树/城市规划设计大型鸟瞰图线稿局部（绘图笔）

图5-37　滨水城市规划设计大型鸟瞰图（透明水色）

图5-38 新城规划及城市设计大型鸟瞰图（水彩）

（4）草地

草地是鸟瞰图中面积最大的元素，分散于画面各处。虽然大多数草地都仅仅表现为绿色的平面形状，但对画面却起着重要的作用。

从鸟瞰图的整体色彩控制角度出发，画面中部草地颜色通常比较鲜艳，近处色彩略重，远景色彩比较浅淡，画面整体呈现上浅下重（图5-38）。这种渐变关系能够丰富画面的色彩，同时还增强了空间进深效果。在着色时首先涂染草地就能够迅速建立整体画面色彩基调，划分出不同的区域。

在城市规划设计鸟瞰图中，草地的绿色与铺装的暖色相互映衬，衬托出白色的建筑轮廓，是建筑表现的重要环境“手段”。

草地的作用不止于此。位于画面中近景的中心广场绿地通常具有特殊的造型和高低起伏的变化，色彩也更加丰富（图5-39）。而高尔夫球场的草地形状多为圆形或椭圆形，以黄绿色为主，色彩纯度更高（图5-40）。这两种草地形式通常与景观树和行道树搭配，甚至可能成为鸟瞰图画面的“主角”和亮点。

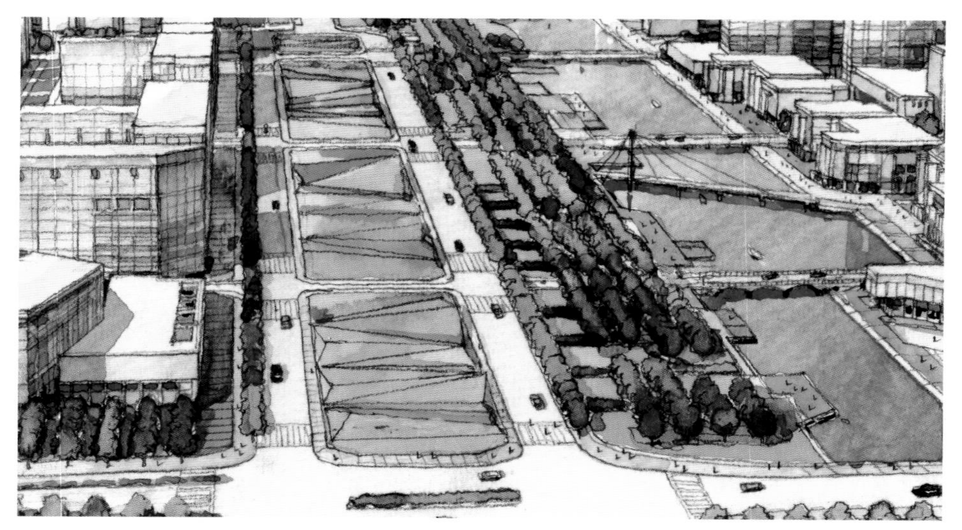

图5-39 中心广场绿地景观设计大型鸟瞰图局部（水彩）

图5-40 生态旅游度假区规划设计大型鸟瞰图（水彩）

3. 水岸

水岸也经常出现在鸟瞰图画面中，不论哪种规模的鸟瞰图，只要有水域就会涉及水岸的表现。首先要掌握水岸边线的线稿绘制方法。

水岸边线的形态主要根据方案进行表现，但在确保形态与方案大致吻合的前提下，从线条美感出发，可以进行适当地调整。主要画法与平面图表现类似，以边界为基点，向水面方向勾勒曲线，蜿蜒起伏，二三层即可。这种画法能使岸线更加自然，不会过于呆板，同时为后期上色提供了参照依据，并且预留出更多的表现余地。在小型鸟瞰图近景中，可在水边添加卵石和水生植物进行点缀（图5-41）。

水岸的地面部分可以用与岸线平行的起伏曲线，表现沙滩或自然的土质，或沿着地势垂直的方向画线，表现较大的坡度。湿地景观的陆地与水面边界比较模糊，是非常典型的自然水岸，表现时不用刻意、清晰地描绘岸线的轮廓，可在附近添加形态较为细长的小块陆地，以体现湿地的环境特征（图5-42、图5-43）。

着色时，水与岸的边界要参照方案内容。普通的水体边缘要在一侧绘制阴影，强化边界效果，突出水面的平整效果；表现自然的岸线和湿地类景观水岸时，则可以弱化边线，甚至将水与岸融合表达（图5-44）。

图5-41　水岸边线平面图表现方法

图5-42　水岸边线/城市设计大型鸟瞰图线稿局部（铅笔）

图5-43　城市规划设计大型鸟瞰图线稿局部（绘图笔）

图5-44　湿地景观/湖滨生态重点地段城市设计大型鸟瞰图（水彩）

4. 山体

山体是鸟瞰图中最常见的环境表现内容，特别是在天际线构图画面中。鸟瞰图天际线基本上就是由高低起伏、绵延不绝的山脉组合形成的，所以山体在鸟瞰图中大多为远景区域的概括表达（图5-45~图5-47）。

首先要参照方案设计的地理位置，确定山体的形态和体量，并非随意添加。山体的形态可以表现为不同的风格，如柔美圆润，或是峻峭苍劲。在绘制线稿时，不需要在山上添加植物，那样会显得十分杂乱，山体的种植效果是在着色环节完成的。

山体线条比较独特，延展性比较强，末端逐渐自然消隐，整体组合要协调和放松。作为天际线的山体大多表现为舒缓起伏的绵延效果，线条坡度很缓。在画面内的山体表现主要通过线条的顿挫来展现硬度效果，表现山体形态时侧重高度和肌理表现，包含山脊和山沟，适当加强山脚下的梯田、树林等元素，以内容和线条疏密调配拉开山体与地面的反差。因为表现难度较大，在取景中要尽量避免把山体置于画面的中近景。

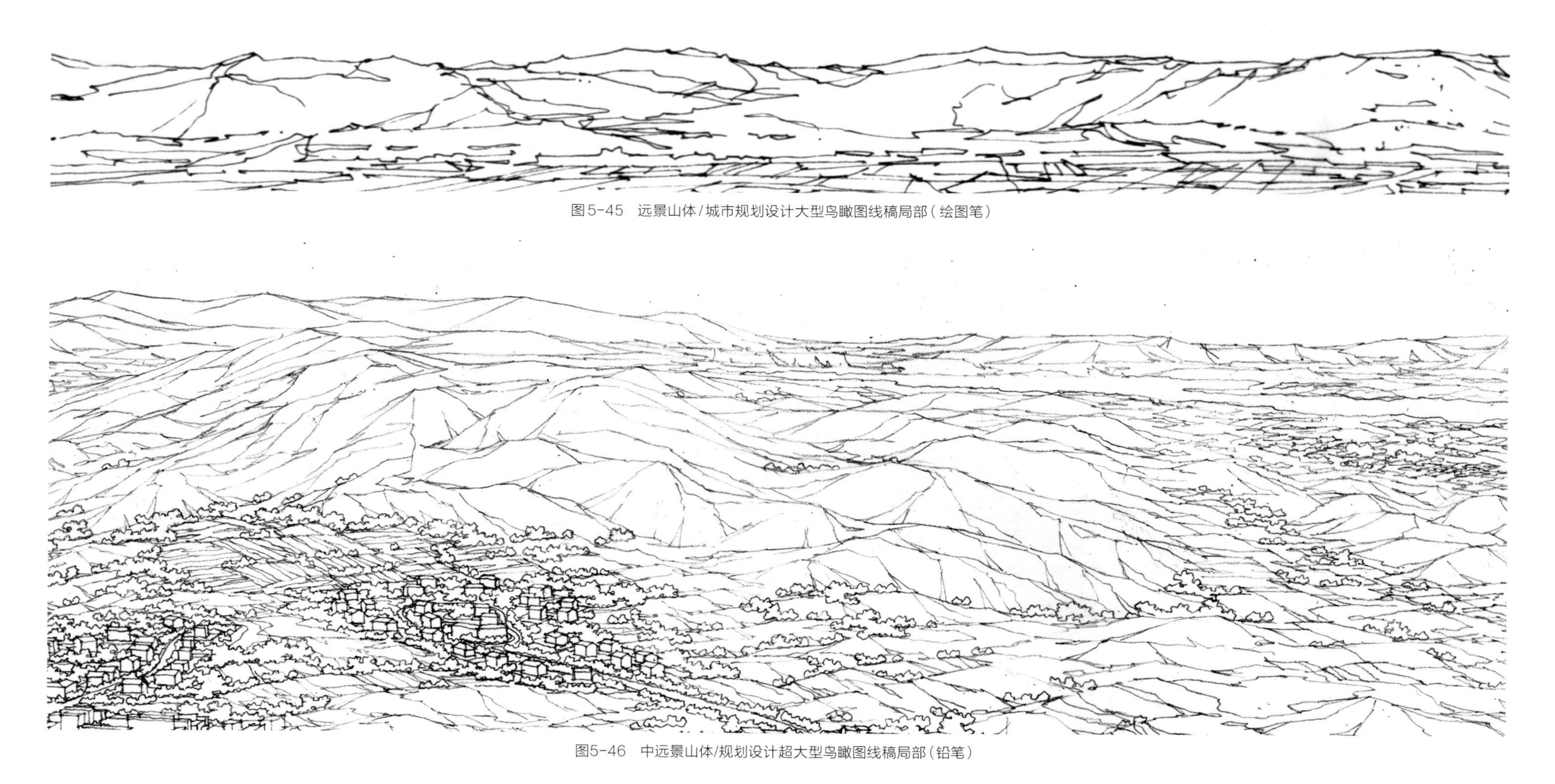

图5-45　远景山体/城市规划设计大型鸟瞰图线稿局部（绘图笔）

图5-46　中远景山体/规划设计超大型鸟瞰图线稿局部（铅笔）

图5-47　山地规划设计超大型鸟瞰图（水彩）

5. 农田

农田是鸟瞰图中比较常用的元素，分为“虚实”两类。“实景农田”是方案中的真实农田，“虚景农田”则是用于填充外围环境的大面积空余空间，直至画面边缘。农田的表现关系到景深层次效果，能够使空间过渡更加自然。

实景农田可以出现在画面任何景深层次。中近景的农田多为矩形，以“编织”的形式交错排列，除非受方案所限，极少画成标准的“井”字形。有些特殊的形式，如花田、茶田等，在线稿表现中不做特别描述，留给着色环节表现。农田大多采用特殊的“蝌蚪线”描绘，线条有明显的抖动效果，且排列很密，体现种植的肌理和田埂结构特征，为了提升生动真实感，偶尔还会点缀一些小的树木组团（图5-48）。

虚景农田大多置于远景，表现要点是不断变换块状农田的大小、形态和方向，增强其变化性，更贴近自然真实的效果。不可过于规则，可以适当添加不规则的梯形、平行四边形、三角形的“地块”，而且要非常“扁”，以体现深远的透视效果（图5-49）。

梯田是鸟瞰图中比较特殊的田地形式，由于造型独特，一般作为配景，但要谨慎添加，点到即止。表现梯田特征只需要用自然曲线轻松绘制，如果是较小的场景，阶梯线可以用双线表达，远景的梯田则以相对规则的平行线排列体现其均匀、规律的竖向特征，不用做透视效果的表达（图5-50）。

图5-48　实景农田 / 江海湿地规划设计超大型鸟瞰图线稿局部（铅笔）

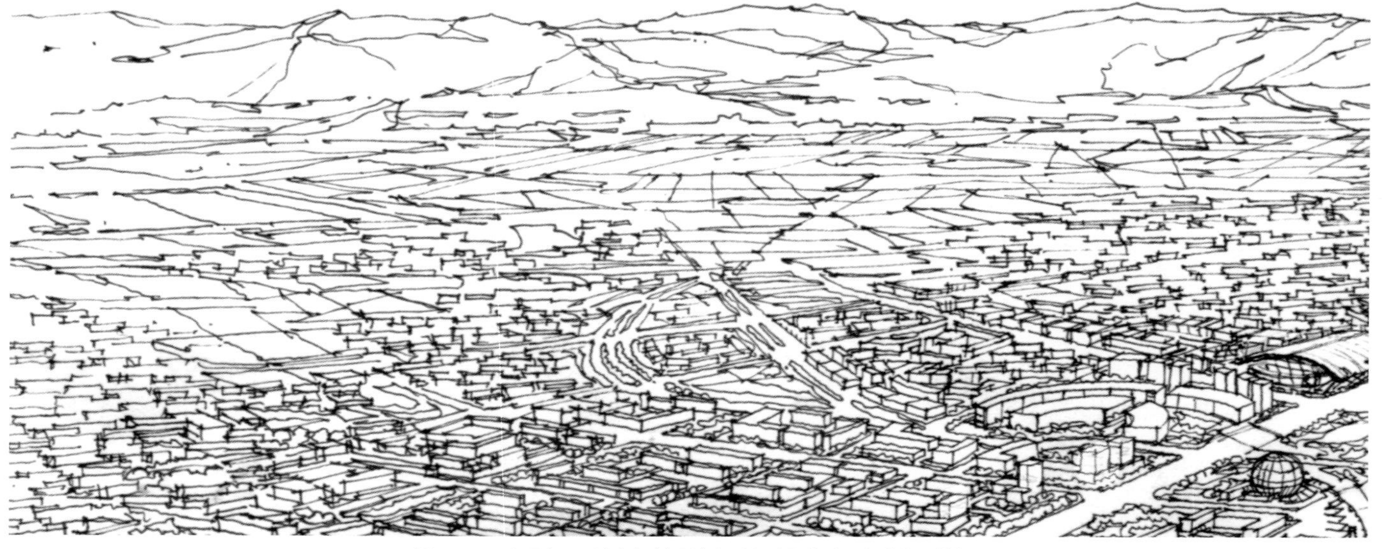

图5-49　虚景农田 / 城市规划设计大型鸟瞰图线稿局部（绘图笔）

图5-50 生态文化旅游规划设计中型鸟瞰图（水彩）

6. 其他配景

（1）桥梁

桥梁是鸟瞰图中的“大型”表现内容（图5-51），种类、尺度和形态各异，如梁式桥、拱桥、刚架桥和缆索承重桥等。桥梁看似简单，但在绘制线稿阶段是有一定的要求和难度的。

首先，桥梁极少作为鸟瞰图的核心表现内容，在取景构图环节要避免将桥梁置于画面近景。尽量选择小于45° 的侧视角，使桥面线条接近平行关系，削弱明显的角度变化。

桥梁的形态不可随意创造，应严格参照方案设计，准确、严谨地表现其结构特征。如果方案没有明确说明，则需参照常见桥型进行绘制。表现时要反复对比周围的建筑体量和尺度，尤其是缆索承重桥，不要出现比例失调。

从鸟瞰的视角出发，桥梁应着重表现桥面的承托感，距离水面较近的，可以在下方勾画双线以表现桥体在水面上的投影。桥面不需要表现护栏、灯杆、路面中线等过多细节，根据体量大小和景深位置可以添加车辆和行人配景点缀。

采用三维建模的快速线稿绘制方法可以直接将桥梁纳入建模内容，降低手工绘制的难度。

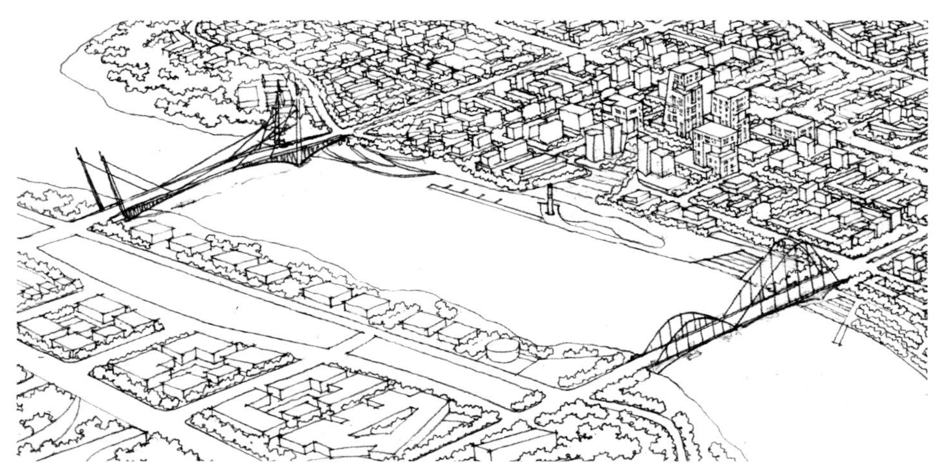

图5-51　桥梁 / 新城规划及城市设计大型鸟瞰图线稿局部（铅笔）

（2）船只

带有大面积水域的鸟瞰图比较多见，所以船只也是常用的配景。

各种类型的船体，如货轮、游轮、帆船、游艇以及小渔船等，尺度和形态差别较大，在不同水域要配置不同的船体。大型的游轮和货轮适合出现在码头港口为主体内容的鸟瞰图中（图5-52）。帆船和游艇可以成为河、湖、海面的配景，是烘托水景氛围的特色元素，所以在线稿表现中不能过于概括。小型船一般作为纯粹的配景添加，起到补充、活跃水面气氛的作用，在线稿中可不表现，在着色时随手添加即可。

取景构图时通常会将较大的水面置于画面近景，船只比较清晰，在线稿时就需要对其轮廓、形态特征和细节等进行一定程度的刻画。比如表现船坞码头通常会绘制参差、密集的游艇和帆船（图5-53），并绘制船体在水中的倒影和尾部的水浪痕迹，体现船只的动态，为后期着色做铺垫。在水面添加船只不仅是为了营造场景的生动感，在空荡的水面增加内容也可以协调画面的视觉平衡（图5-54）。

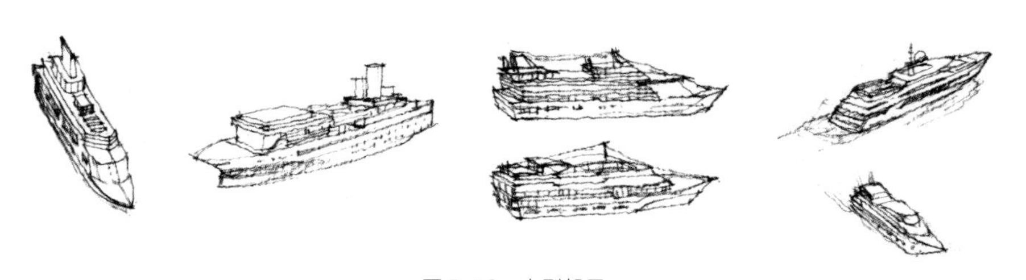

图5-52　大型船只

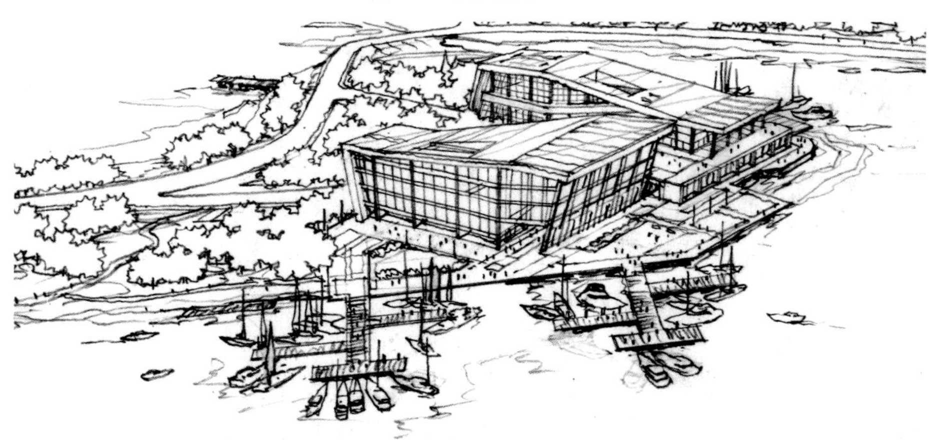

图5-53　船坞 / 海港区中型鸟瞰图线稿局部（铅笔）

图5-54　海港区规划方案大型鸟瞰图（水彩）

（3）车

车辆配景在鸟瞰图画面中的数量并不多，但却必不可少，主要分布在画面的中近景，其作用主要是体现道路尺度。以俯瞰视角表现车辆主要是绘制大致轮廓（图5-55、图5-56），以表达车辆的类型，如轿车、越野车、公共汽车和面包车等。

在线稿阶段，小型鸟瞰图中的汽车需要相对细致地表现，但是数量不宜太多；中型鸟瞰图只要区分车辆的头和尾，体现其基本形态特征，同时根据光源方向略微加粗车辆底部线条代表阴影，增强着地感，为后期着色做铺垫；大型鸟瞰图中的车辆通常只是一个轮廓，不需要刻画任何细节，但是也要用略粗的线条绘制靠下的位置，这样在着色时就不用费劲表现投影了。车辆配景的表现最容易出现的错误不是形态而是比例，要注意近大远小的透视变化，防止过大、过小或过于均等。这个问题并不难解决，可以在道路上轻画车道线作为参照，加以控制。

图5-55　车辆

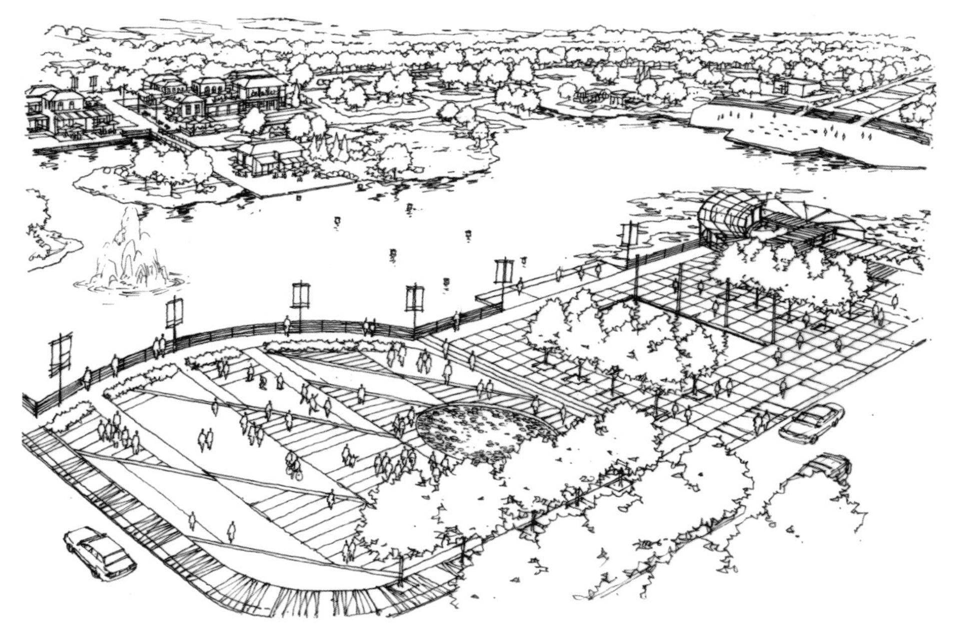

图5-56　广场景观设计小型鸟瞰图线稿（绘图笔）

（4）人

由于尺度原因，人物配景主要出现在中、小型鸟瞰图中，在画面中非常微小（图5-57~图5-59）。在线稿中，只需画出基本的轮廓体态，不需要任何着装细节，甚至不必表现肢体活动，非常概括，而且不用计算“俯视”角度，直接表达即可。

人物配景多位于画面中近景的广场、景观平台上，这些区域比较有活力，绘制时以组合形式为主，单独人物为辅，使观众聚焦画面主体内容，烘托场景气氛。在场景较大的鸟瞰图中，由于人物配景比例过小，在表现时往往是以一个“√”对勾形态代表人和其在地面的投影，可谓极致的概括，主要用于指明交通流线的方向。

图5-57　人物

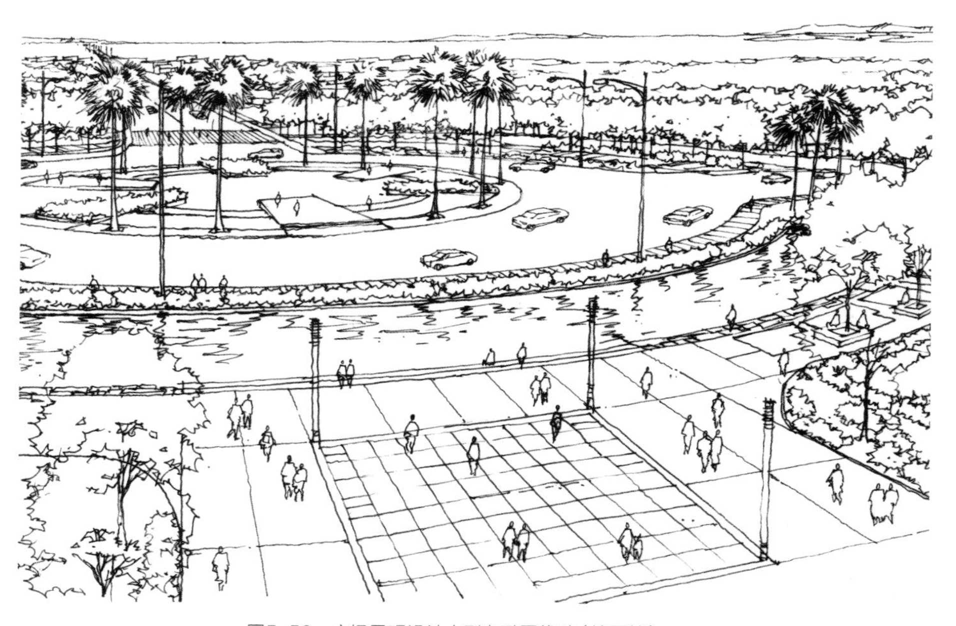

图5-58　广场景观设计小型鸟瞰图线稿（绘图笔）

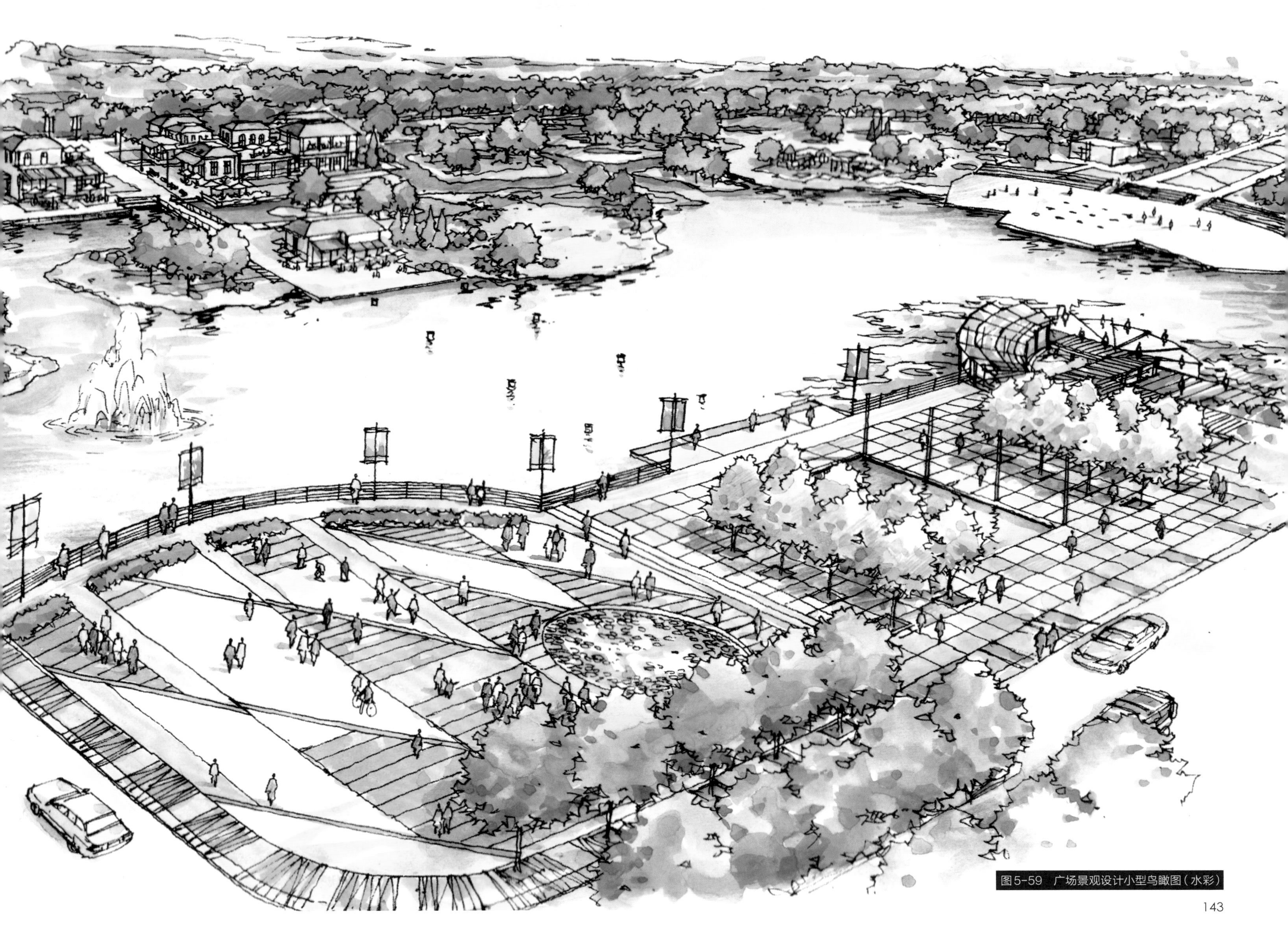

图5-59　广场景观设计小型鸟瞰图（水彩）

第6章

后期处理技巧

现在的手绘效果图基本都以电子文件形式展示和留存。手绘鸟瞰成品图的草稿、线稿和着色稿都要进行阶段性的扫描、处理和保存，最终的成品效果图还要经过后期处理，这一套完整的流程，是鸟瞰图制作的重要环节。这一章会介绍一些用扫描仪、Photoshop进行图像处理和保存的实践经验，具体的操作方法和需要根据实际情况进行调整的具体数值，在这里就不详细列举了。

1. 扫描与拼合图像

（1）设置分辨率

鸟瞰图的成品效果图很大，要使用A3幅面的平板扫描仪（上盖可拆卸），不会弯折原稿。推荐将扫描分辨率设置成300像素/英寸进行保存（图6-1）。

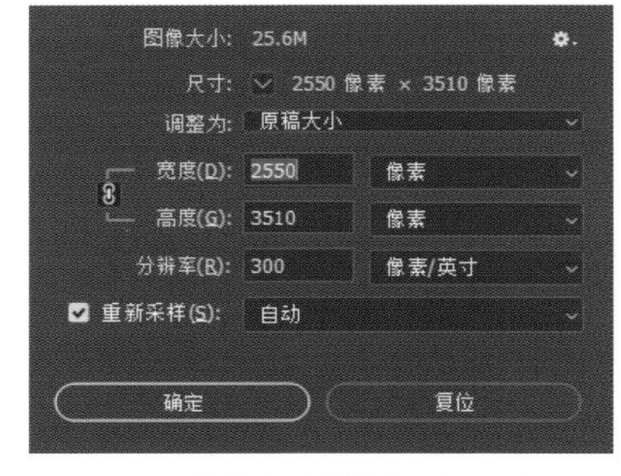

图6-1 图像分辨率

（2）扫描技巧

由于幅面尺寸的限制，往往需要将成品图分别扫描。每个部分都要预留至少2厘米的重叠部分，这样在拼合图片的时候软件识别性更灵敏，不会由于图像边缘的深浅不一而导致拼合失败。

（3）拼合图像

在Photoshop软件内打开所有要拼合的图像。

选择【文件】—【自动】—【Photomerge（照片合并）】（图6-2）。

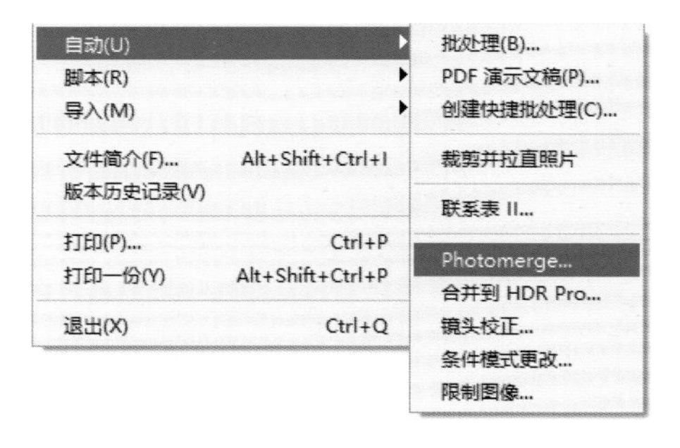

图6-2 拼合图像/Photomerge

继续选择【添加打开的文件】—【确定】（图6-3），完成拼合。拼合后的文件保留着每个部分原始的完整图像，并有独立的图层和蒙版可以随时编辑，非常便利。

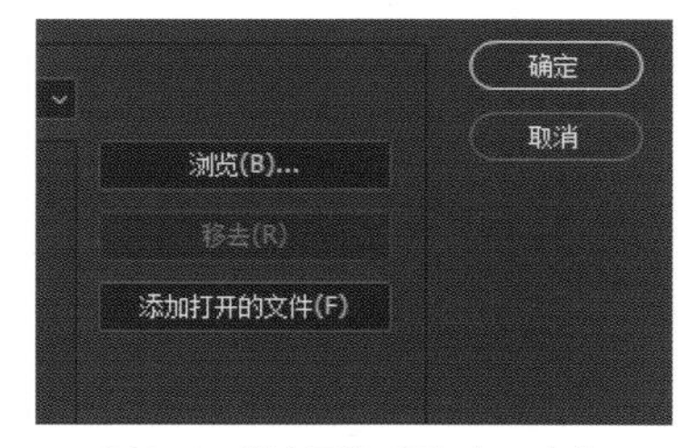

图6-3 拼合图像/添加打开文件

2. 图像调整

鸟瞰图的草稿与线稿常常有修改的痕迹，因为人工绘制还会出现线条的深浅不够均匀，涂抹蹭脏的情况。为了方便后期着色，要修正这些瑕疵，并使画面黑白度保持统一协调。着色稿也存在各种瑕疵，同样需要修复和调整。使用Photoshop调整图像首先要参照原图，将电子稿的色彩尽量还原，随后再进行优化。先调整画面大关系，再处理局部区域与细节。调整的方法非常多，但是这个过程要适可而止，否则会出现对电脑调整的依赖，甚至陷入“无限修改”的状态，导致调整的结果严重偏离原图。

（1）色彩调整

常用的调整工具有【亮度/对比度】【色阶】与【曲线】等（图6-4），但是这几个工具都是对图像本身进行编辑，不建议直接使用。在【图层】—【新建调整图层】（图6-5）里有一套基于图层的调整命令，种类齐全。这样操作的优点不仅能够保留原始图像，还能够在后期随时调整命令的数值。

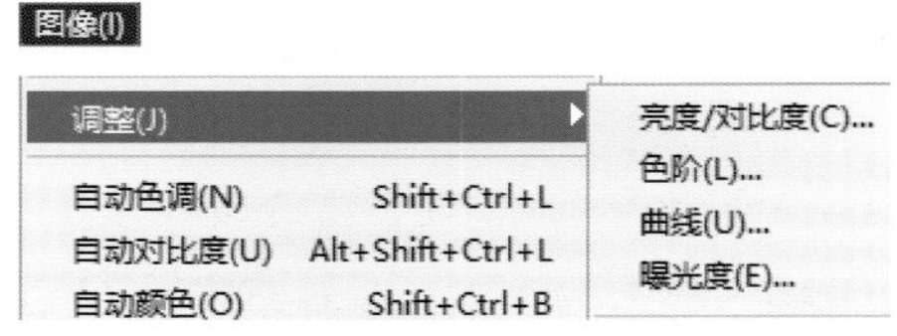

图6-4 图像/调整（不推荐）

图6-5 图层/新建调整图层（推荐）

（2）清理与修复

清理线稿上的瑕疵可以使用【减淡工具】【加深工具】【海绵工具】（图6-6）。它们能够对画面的高光、中间调和阴影进行有针对性的调整，适合处理手绘线稿中的涂抹、拼接痕迹，清理图像边缘不易察觉的灰边，使深浅不一的手绘线稿趋于统一，使画面变得更加“整洁”（图6-7），尤其针对硫酸纸的灰质背景，非常有效。

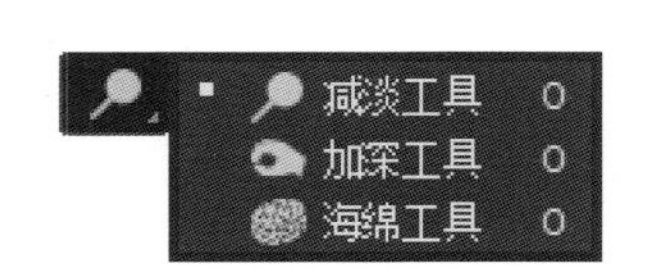

图6-6 减淡/加深/海绵工具（组）

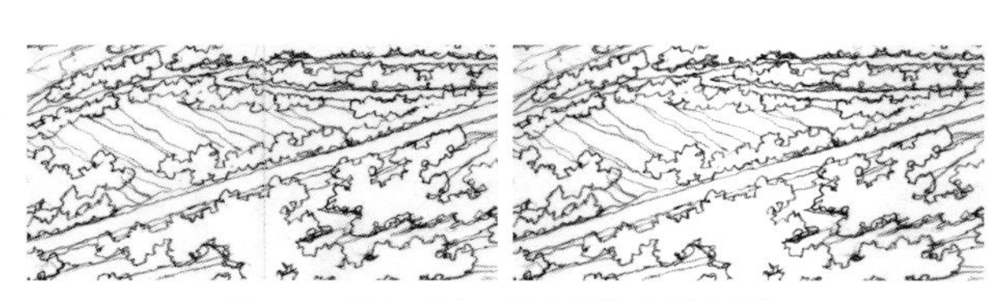

图6-7 使用减淡工具擦除线稿拼接痕迹

修复着色稿是非常麻烦的工作，水渍、斑点以及着色的瑕疵混合在一起，很难分辨。可以使用【污点修复画笔】及其所在的工具组（图6-8），比传统的【仿制图像工具】更加“智能”。只要在需要修复的位置轻点或涂抹，不仅能够消除污点，还能自动产生自然的色彩过渡，不需要后续的维护和修补，简单有效。具体参数不再一一列出，可以在实践中多尝试。

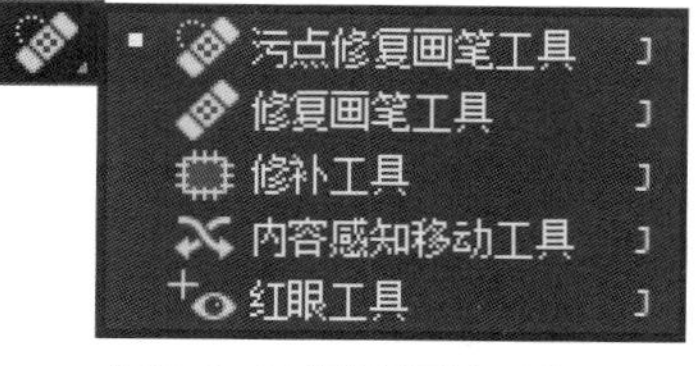

图6-8 污点修复画笔工具

3. 保存

不同的图像格式都可以作为鸟瞰图的成稿文件，可根据不同阶段和需要来选择。

PSD格式 Photoshop的专用格式，存储着图层、通道等编辑图像所需要的各种信息，修改起来非常方便，适合作为阶段性工作的储存文件。这种格式的文件较大，但是压缩率却很高，压缩后可以得到较小的文件。是非常实用的文件格式。

TIF格式 对图片质量没有损伤，还能保留图层及其他信息，在很多方面类似PSD格式文件，这种格式适合编辑、存档、打印与出版，但是占用存储空间较大。这种格式适合保存扫描原始图像以及最终完成稿。

JPG格式 这种文件存储空间最小，保存时选择“品质最佳”，数值为“12”，对画质没有损害。适合保存扫描的原始图像以及最终完成稿，适合携带和传输。

4. 打印

首先要注意线稿图像文件尽量保留全部内容，不要进行任何裁切，为后期着色预留最大的可能性。

打印鸟瞰图的线稿要根据着色的方式来调整。水彩着色的线稿要浅淡，模拟真实的铅笔线稿色调进行打印设置，这样的成稿才会有真实的水彩画效果与质感（图6-9）。而彩铅或马克笔着色的线稿则要比较清晰，颜色较深，着色后线稿不会被遮盖，并且使画面更加清新靓丽。

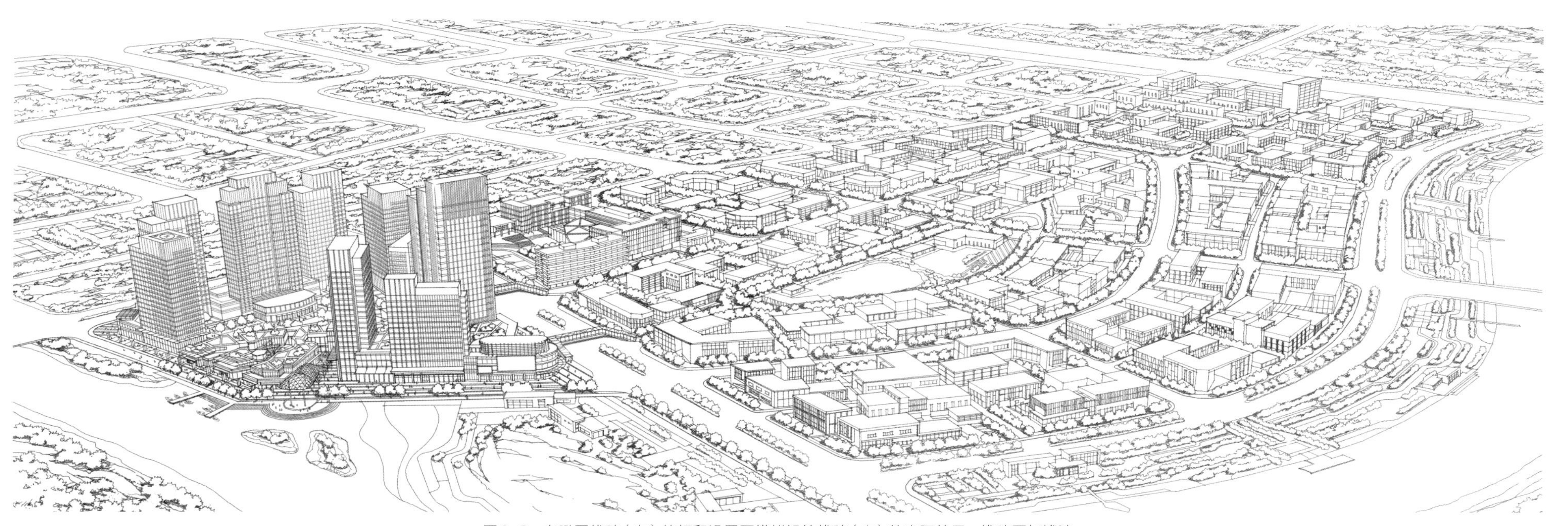

图6-9 鸟瞰图线稿（左）的打印设置要模拟铅笔线稿（右）的实际效果，线稿更加浅淡

后记

POSTSCRIPT

鸟瞰图设计手绘是一种大型场景设计手绘表现形式。随着20多年来大规模城乡建设的进程，在规划设计、建筑设计和景观设计领域成为展示设计成果的内容之一，对设计思路、观念表达以及团队实力展现都起着至关重要的作用。鸟瞰图设计手绘是从特殊的视角，整合表现设计方案所在环境、规划特征、空间形态、建筑布局以及场景氛围等诸多要素，从建筑到景观，从天空到水面，不仅是一个设计方案的效果呈现，更是一幅大型的创意绘画作品。

在长达十几年的实践中，我们不断地在鸟瞰图手绘领域尝试、验证新的思路和技法，积累了宝贵的表现经验，在更新与提炼的同时，也在教学中持续进行实践检验，努力使这些经验汇总为内容全面、通俗易懂，可以循序渐进学习的资源传递给学习者，使之成为在工作、学习中能够实际应用的技能。本书包含了我们在实践中积累的大量手绘鸟瞰图实例，较全面地展示并讲解了手绘鸟瞰图的类型、绘制步骤和相关技法要领，以及涉及的思考方式和表现原则。对于从事相关工作的设计师而言，这本书更具实用价值，因为所讲授的内容不是循规蹈矩的传统手绘技法，而是结合时代发展的实战技术，综合提升设计师应具备的专业素养和能力。在学习鸟瞰图手绘的过程中，不仅能够锻炼、提高绘画技巧，更能够通过艺术的形式加深对设计的理解，进一步提升美学的素养和设计的自信，这也是设计手绘的魅力所在。

借此书我们还要向学习者说明：手绘鸟瞰图不是用于欣赏的图画，也不是望尘莫及的高深技能，它所包含的是对生活与环境的朴素认知，是设计师应该具备的常识，是需要不断激发的想象力，也是对设计的兴趣和激情。手绘鸟瞰图希望实现的是观念与实践的完美结合，也是我们在教学中经常对手绘进行的描述：思考与表现同步。最后，衷心地希望大家能够真正学习到这本书的价值，探寻到“会学而不是学会”的真实意义。